规模猪场精细化饲养管理手册

韩　斌　刘健鹏　主编

西北农林科技大学出版社
·杨凌·

图书在版编目(CIP)数据

规模猪场精细化饲养管理手册／韩斌，刘健鹏主编．— 杨凌：西北农林科技大学出版社，2022.9
ISBN 978-7-5683-1139-7

Ⅰ．①规… Ⅱ．①韩… ②刘… Ⅲ．①养猪场－饲养管理－手册 Ⅳ．①S828-62

中国版本图书馆 CIP 数据核字(2022)第 175822 号

规模猪场精细化饲养管理手册

韩 斌 刘健鹏 主编

出版发行	西北农林科技大学出版社
地　　址	陕西杨凌杨武路 3 号　　邮　编：712100
电　　话	总编室：029-87093105　　发行部：029-87093302
电子邮箱	press0809@163.com
印　　刷	西安金圣印务有限公司
版　　次	2022 年 9 月第 1 版
印　　次	2022 年 9 月第 1 次印刷
开　　本	880mm×1230mm　　1/32
印　　张	6
字　　数	147 千字

ISBN 978-7-5683-1139-7

定价：28.00 元

本书如有印装质量问题，请与本社联系

《规模猪场精细化饲养管理手册》编委会

顾　问：康玺东　高玉平　马　飞
主　编：韩　斌　刘健鹏
副主编：李利山　巨敏莹　陈占莉　高　艳　张　昕　白崇生
编　委：（按姓氏笔画排序）

马　飞	马子鹏	马　杰	王　磊	王功帅	王艳凤
王　峰	王海燕	王　楠	白艳艳	边益庆	毕台飞
朱海鲸	乔文军	延庆飞	刘万华	刘玉香	刘宇飞
刘　欢	米光明	米耀云	苏翠英	李河林	李海江
张红梅	张　彦	张　艳	张艳芬	张雅雅	张　婧
张　曦	郝玉青	姜　媚	袁溶英	贾维秀	贾燕青
高启武	姬　阳	曹文琴	曹　婧	崔　珊	崔晓霞
敬晓棋	焦　霞	薛久洲	薛海龙	薛琳珏	

鸣　谢

榆林市动物疾病防控科技特派团支持出版

团　长：刘健鹏　　**团　员**：韩　斌

前 言

随着中国经济的快速发展和养猪科技的不断提高,中国养猪业通过近年来的高速发展,基本完成了传统农村散养模式向规模化养猪业转变的历程。这是世界上所有养猪发达国家所走过的发展之路,大规模养猪、楼房养猪也必将是中国养猪业未来的发展趋势。

近年来,大量社会民营资本进入养猪业,规模化猪场发展异军突起,但是相当一部分规模化猪场中仍然存在管理混乱、生产水平低、疫病不断等问题,特别是2018年非洲猪瘟暴发以来,给养猪业造成了毁灭性的打击。随着各种疫病和管理不当问题的不断出现,导致养猪业有规模无效益、环境污染严重,给养猪业生产带来了极大的威胁和巨大的经济损失。为了解决养猪业生产中出现的短板问题,建立一整套规范化、现代化规模猪场生产管理规程和良好的生物安全体系,对保障猪群健康、提高经济效益、保护环境、保护肉食品安全起着极其重要的作用,这也是目前许多规模化猪场的迫切需要。

为了满足规模化养猪场的实际需求,不断提高养猪场的管理水平及经济效益,我们总结了近十几年来养猪的管理经验,借鉴国内外先进的管理技术,编写了这本《规模猪场精细化饲养管理手册》。本书针对规模猪场精细化管理水平较低、免疫保健没有做到程序化、生物安全措施不到位等问题,提出了符合精细化养殖的技术方法和操作程序,对于规模猪场的健康发展具有积极的推动作用。该书既可指导猪场员工生产管理,又可作为相关行业技术服务人员的培训教材。

由于理论水平有限,实践经验不足,书中缺点错误在所难免,敬请读者批评斧正,同时书中引用了袁国伟先生、童光辉先生等部分同行的经验,敬请赐教和理解。

编者
2022 年 9 月 25 日

目 录
CONTENTS

第一章 场址选择、布局及猪场建设 …………………… 1

  一、场址选择 ……………………………………… 2

  二、场址布局 ……………………………………… 3

  三、猪场建设 ……………………………………… 5

第二章 猪场生物安全管理 ………………………………… 16

  一、猪场生物安全管理制度建设 ………………… 17

  二、猪场生物安全日常操作管理 ………………… 19

  三、猪场引种生物安全措施 ……………………… 24

  四、猪场生物安全消毒剂的选择 ………………… 25

  五、增强猪场生物安全措施 ……………………… 31

  六、猪场生物安全过程中,工作人员应注意的事项 …… 33

第三章 猪场场外引猪 ……………………………………… 34

  一、场外引猪 ……………………………………… 35

  二、引进猪只运输的注意事项 …………………… 39

  三、引进种猪前隔离消毒 ………………………… 41

四、引种后的短期饲养管理 ································· 41
　　五、隔离舍工作程序 ······································· 42
　　六、引进猪只到场后常见的两大问题 ······················· 44

第四章　仔猪饲养管理 ······································· 46
　　一、饲养管理目标 ··· 46
　　二、仔猪的消化、生理特性 ································ 47
　　三、仔猪的营养特性 ······································· 49
　　四、仔猪的管理 ··· 51
　　五、仔猪早期断奶应激综合征 ······························ 57
　　六、仔猪早期死亡及其原因和解决措施 ······················ 60

第五章　保育猪的饲养管理 ··································· 62
　　一、饲养目标 ··· 63
　　二、保育猪的生理特点 ····································· 64
　　三、保育猪的营养需求 ····································· 64
　　四、保育猪的饲养管理 ····································· 65
　　五、对保育猪饲养管理中出现问题的分析 ···················· 72
　　六、保育猪的疾病预防 ····································· 74

第六章　生长育肥猪的饲养管理 ······························· 76
　　一、育肥猪的饲养管理目标 ································ 77
　　二、育肥猪的生长特性 ····································· 77
　　三、育肥猪的营养需求 ····································· 79
　　四、加强育肥猪的选择 ····································· 80

五、饲养管理 ··· 81
　　六、加强育肥猪疾病的预防 ······························· 88
　　七、适时合理出栏 ·· 89

第七章　后备母猪的饲养管理 ··························· 91
　　一、饲养目标 ·· 91
　　二、后备母猪的选育 ······································· 92
　　三、后备母猪的科学饲养管理 ··························· 93

第八章　配种和妊娠母猪的饲养管理 ·················· 97
　　一、饲养目标 ·· 97
　　二、母猪的诱导发情处理 ································· 98
　　三、配种 ·· 101
　　四、妊娠母猪饲喂管理 ··································· 103

第九章　哺乳母猪的饲养管理 ··························· 108
　　一、饲养目标 ·· 108
　　二、哺乳母猪的管理 ····································· 109
　　三、哺乳母猪异常情况处理 ···························· 115
　　四、脐带血 ··· 117
　　五、母猪的淘汰 ··· 117

第十章　人工授精操作 ···································· 120
　　一、人工授精操作程序 ··································· 120
　　二、用于人工授精公猪调教与饲养管理 ············· 121

三、公猪的使用与保健 ·················· 124
　　四、人工授精技术的精液采集与储备 ········ 125
　　五、母猪的发情检查与输精 ·············· 129

第十一章　猪病防治的主要措施 ············ 134
　　一、目前猪常见疾病及各种病的特点和防控 ··· 134
　　二、猪疫病的诊断方法 ················· 150
　　三、猪疫病的防控方法 ················· 155
　　四、猪的几种重要疾病及免疫预防 ········· 165

附录1　《中华人民共和国环境保护法》 ······ 169

附录2　《动物防疫条件审查办法》 ·········· 171

参考文献 ···························· 177

第一章
场址选择、布局及猪场建设

　　科学合理的猪场规划设计是规模化养猪的前提条件,是保证养猪生产效益和安全的重要手段。规模化养猪场规划设计的目的是为养猪生产建立比较完善的配套设施,创造适宜的生态环境。猪场的场址选择是建造猪场最为关键的第一步,首先需要考虑猪场选址是否符合国家相关法律法规,需符合《中华人民共和国环境保护法》(详见附录1)的规定和要求,符合《动物防疫条件审查办法》(详见附录2)规定的动物防疫条件并按审查程序进行审查等。养猪场必须取得"动物防疫条件合格证",才能开始进行猪场日常生产。其次猪场选址要考虑地形地势、土壤特性、水源水质和交通运输等。最后,猪场场址确定后,就需要考虑猪场布局问题。猪场布局应合理规划生活区、生产管理区、生产区、隔离区四个功能区。合理的规划和布局能够为猪场日常生产管理带来便捷,也能够为科学预防疫病创造良好的条件。猪场建设内容涉及猪场修建基本原则、猪舍基本结构、猪舍类型、不同猪舍建造基本要求和规模养猪场常用设备等。圈舍是猪的直接生活环境,在猪的生长发育中具有至关重要的作用,建造的猪舍如果未经认真规划,夏季不避炎热,冬季不抵御寒冷,将会直接影响猪的生长效果。本章将围绕猪场的场址选择,场址布局和猪场建设等内容进行浅谈。

一、场址选择

(一)地形地势

规模化养猪场,场址选择要求地形平整开阔,地势要相对高燥。距离公共场所如学校、医院等要保持必要的距离。地形应开阔整齐,土地面积要足够猪场建设。地势指地面高低起伏状况而言。由于地势及方位不同,获得的太阳辐射热量也不同,这会直接或间接地影响猪场的温度和湿度。因此,要求场地地势要相对较高,不易积水,通风要良好,且背风向阳有缓坡。黄土高原沟壑区和山区同时也需要兼顾电力,规模猪场,特别是机械化养猪场,用电量较大,包括供水、保温、通风、饲料加工及清洗、消毒等设施,都需要用电,因此一家万头猪场装机容量应达 80~100 kW 以上。另外,最好配套有鱼塘、果林或耕地等。

(二)土壤特性

猪场需建设在透气性好、容易吸收水分、可吸收热容量大、昼夜温差小的土地上。具有沙壤土的地方可选择在沙壤土上建设为宜,因为沙壤土排水性强,透气性好,可抑制病原微生物、蚊蝇和寄生虫等的滋生。有碎石的沙地,夏季阳光强烈照射后会使舍温温度过高。黏土地极易导致猪场内积水泥泞,易发生水涝灾害。

(三)水源

规模化养猪场,场址选择必须有可靠、优质、无污染的水源,一般万头猪场日用水量约为 100~150 t,处于干旱半干旱的地区,尤其是在西北地区,全年降水量多数在 500 mm 以下,猪场日常用水和猪的饮水用量会更大。猪场使用的水源应该要便于利用、水质要良好、水量要充足和清洁干净,最好用深层地下水。猪场供水如果水质差、不充足、不干净清洁,将会直接影响猪只健康状况。

(四)交通运输

猪场的物资运输量较大,对外联系密切,需要供应饲料、运送肥料及畜产品等。因此,猪场应选在交通方便的地方建设,以满足猪场交通运输的需求,但由于猪场的防疫要求很严,又要防止对周围环境的污染,因此猪场场址应选择在交通便利又比较僻静的地方,但必须避开交通主要干道。

二、场址布局

(一)场地分区

猪场一般可分为四个功能区,即生活区、生产管理区、生产区、隔离区。为便于防疫和安全生产,应根据当地全年主风向与地势,按照以下顺序安排各区,即生活区→生产管理区→生产区→隔离区。我国属于东南季风区,夏季多东南风,冬季多西北风或东北风,猪舍建设时要朝向风向,利用自然通风,可以节省通风设备的费用,提高猪舍通风效果。猪舍朝向具体要根据当地地理环境来确定,各功能区的间距最好不少于 50 m。

1. 生活区

包括职工宿舍、食堂、文化娱乐室等。此区应设在猪场大门外面。为保证良好的卫生条件,避免生产区臭气、尘埃和污水的污染,生活区应设在上风向或偏风方向和地势较高的地方,同时其位置应便于与外界联系。

2. 生产管理区

包括行政和技术办公室、接待室、饲料加工调配车间、饲料储存库、办公室、水电供应设施、车库、杂品库、消毒池、更衣消毒室和洗澡间等。该区与日常饲养工作关系密切,距生产区距离不宜远。饲料库应靠近进场道路处,并在外侧墙上设卸料窗,场外运料车辆不许进入生产区,饲料由卸料窗进入料库。消毒、更衣、洗澡间应设在猪场大门一侧,进入生产区的人员一律经消毒、洗澡、更衣后方可入内。

3. 生产区

包括各类猪舍和生产设施,也是猪场的最主要区域,严禁外来车辆进入生产区,也禁止生产区车辆外出。各猪舍由料库内门领料,用场内小车运送。在靠围墙处设装猪台,售猪时由装猪台装车,避免外来车辆进场。生产区各猪舍的位置需考虑配种、转群等联系方便,并注意卫生防疫。

种猪舍、仔猪舍应置于上风向和地势高处。妊娠猪舍、分娩猪舍应放到较好的位置,分娩猪舍既要靠近妊娠猪舍,又要接近仔猪培育舍。育成猪舍靠近育肥猪舍,育肥猪舍设在下风向。商品猪置于离场门或围墙近处,围墙内侧设装猪通道,通道由内通向围墙外的装猪平台,运输车辆停靠在围墙外装车。如商品猪场可按种公猪舍、空怀母猪舍、妊娠母猪舍、产房、断奶仔猪舍、育肥猪舍、装猪台等建筑物顺序靠近排列。病猪和粪污处理场所应置于全场最下风向和地势最低处,距生产区宜保持适当的距离。

4. 隔离区

包括兽医室和隔离猪舍、尸体剖检和处理设施、粪污处理及贮存设施等。该区是卫生防疫和环境保护的重点,应设在整个猪场地势低处的下风向或偏风方向,以避免疫病传播和环境污染。同时隔离区要满足新引进猪只的隔离和猪舍发生疫情时的隔离。

(二)场内道路和排水

1. 道路

猪场内道路在猪场总体布局中扮演着重要的角色,与猪场生产和防疫有着重要的联系。规模猪场应将道路分为污道和净道,不能相互交叉。污道顾名思义主要是用来运送病猪、死猪和粪污等,净道主要是用来运送饲料及其他物品。无论是污道还是净道都应当做到防滑防水。生产区道路不能直通场外,猪场隔离区和生产管理区可铺建通向场外的道路,以满足猪场防疫需求。

2. 场区排水设施

为排除雨、雪水而设。一般可在道路一侧或两侧设明沟排水,也可设暗沟排水,但场区排水管道不宜与舍内排水系统的管道通用,以防杂物堵塞管道影响舍内排污,并防止雨季污水池满溢,污染周围环境。

(三)猪场场区绿化

植树、种草,搞好场区绿化,对改善场区小气候有重要意义。绿化可以美化环境,使人的心情愉悦,更重要的是可以吸尘灭菌、降低噪声、净化空气、防疫隔离、防暑防寒。场区绿化可按冬季主风的上风向设防风林,在猪场周围设隔离林,猪舍之间、道路两旁进行遮阴绿化,场区裸露地面上可种花草。场区绿化植树时,需考虑其树干高低和树冠大小,防止夏季阻碍通风和冬季遮挡阳光。有些猪场场内也会种植一些蔬菜和水果,方便职工日常改善生活。同时,猪场种植一些驱除蚊虫的植物,也可以减少夏季猪场蚊虫的滋生和繁衍,减少蚊虫对猪场内猪只和人员的伤害。

三、猪场建设

(一)修建基本原则

要符合猪只不同生理阶段的要求,有利于环境控制,简单实用,坚固耐久,有利于控制疫病的传播。利于防火,满足动物福利要求,要有一个良好的舍外环境。

(二)猪舍基本结构

猪舍的基本结构包括地面、墙、门窗、屋顶等,这些又统称为猪舍的"外围护结构"。猪舍的小气候状况,在很大程度上取决于外围护结构。猪舍的设计与建筑,首先要符合养猪生产工艺流程,其次要考虑各自的实际情况。黄河以南地区以防潮隔热和防暑降温为主,黄河以北则以防寒保温和防潮防湿为重点。

1. 基础和地面

基础的主要作用是承载猪舍自身重量、屋顶积雪重量和墙、屋顶承受的风力。基础的埋置深度,应根据猪舍的总荷载、地基承载力、地下水位及气候条件等确定。基础受潮会引起墙壁及舍内潮湿,应注意基础的防潮防水。为防止地下水通过墙体毛细管作用浸湿墙体,在基础墙的底部应设防潮层。

猪舍地面是猪活动、采食、躺卧和排粪尿的地方。地面对猪舍的保温性能及猪的生产性能有较大的影响。猪舍地面要求保温、坚实、不透水、平整、不滑,便于清扫和清洗消毒。地面一般应保持$2°\sim3°$的坡度,以利于保持地面干燥。土质地面、三合土地面和砖地面保温性能好,但不坚固、易渗水,不便于清洗和消毒。水泥地面坚固耐用、平整、易于清洗消毒,但保温性能差。目前猪舍多采用水泥地面和水泥漏缝地板。为克服水泥地面散热快的缺点,可在地表下层用孔隙较大的材料(如炉灰渣、膨胀珍珠岩、空心砖等)增强地面的保温性能。

2. 墙壁

墙为猪舍建筑结构的重要部分,它将猪舍与外界隔开。按墙所处位置可分为外墙、内墙。外墙为直接与外界接触的墙,内墙为舍内不与外界接触的墙。按墙长短又可分为纵墙和山墙(或叫端墙),沿猪舍长轴方向的墙称为纵墙,两端沿短轴方向的墙称为山墙。猪舍一般为纵墙承重。

猪舍墙壁要求坚固耐用,承重墙的承载力和稳定性必须满足结构设计要求。墙内表面要便于清洗和消毒,地面以上 1.0~1.5 m 高的墙面应设水泥墙裙,以防冲洗消毒时溅湿墙面,还可防止猪弄脏、损坏墙面。同时,墙壁应具有良好的保温隔热性能,这直接关系到舍内的温湿度状况。据报道,猪舍总失热量的 35%~40% 是通过墙壁散失的。我国墙体的材料多采用黏土砖。砖墙的毛细管作用较强,吸水能力也强,为了保温和防潮,同时也为了提高舍内照明度和便于消毒等,砖墙内表面宜用白灰水泥砂浆粉刷。墙壁的厚度应根据当地的气候条件和所选墙体材料的热工特性来确定,既要满足墙的保温要求,同时还要尽量降低成本和投资,避免造成浪费。

3. 门与窗

门供人与猪出入。外门一般高 2.0~2.4 m,宽 1.2~1.5 m,门外设坡道,便于猪只和手推车出入。外门的设置应避开冬季主导风向,必要时加设门斗或二道门。

窗户主要用于采光和通风换气。窗户面积大、采光多、换气好,但冬季散热和夏季向舍内传热也多,不利于冬季保温和夏季防暑。窗户的大小、数量、形状、位置应根据当地气候条件合理设计。

有窗式猪舍四面设墙,窗设在纵墙上,窗的大小、数量和结构可依当地气候条件而定。寒冷地区,猪舍南窗宜大,北窗要小,以利于保温。为解决夏季有效通风,夏季炎热的地区,还可在两纵墙上设地窗,或在屋顶设风管、通风屋脊等。有窗式猪舍保温隔热性能较好,根据不同季节启闭窗扇,调节通风和保温隔热。无窗式猪舍与外界自然环境隔绝程度较高,墙上只设应急窗,仅供停电应急时用,不作采光和通风用。舍内的通风、光照、舍温全靠人工设备调控,能够较好地给猪只提供适宜的环境条件,有利于猪的生长发育,提高生产率。但这种猪舍土建、设备投资大,维修费用高,在外界气候较好时,仍需要人工调控通风和采光,耗能高,采用这种猪舍的多为对环境条件要求较高的猪,如母猪产房、仔猪培育舍。

4. 屋顶

屋顶起遮挡风雨和保温隔热的作用,要求坚固,有一定的承重能力,不漏水、不透风,同时由于其夏季接受太阳辐射和冬季通过它失热较多,因此要求屋顶必须具有良好的保温隔热性能。猪舍加设吊顶,可明显提高其保温隔热性能,但随之也增大了投资。

屋顶形式具体可分为单坡式、双坡式、联合式、平顶式、拱顶式、钟楼式、半钟楼式等。单坡式一般跨度较小、结构简单、省料、便于施工,舍内光照、通风较好,但冬季保温性差,适合于小型猪场。双坡式可用于各种跨度,一般跨度大的双列式、多列式猪舍常采用这种屋顶。双坡式猪舍保温性好,若设吊顶则保温隔热效果更好,但其对建筑材料要求较高,投资较多。联合式猪舍的特点介于单坡式和双坡式猪舍之间。平顶式也用于各种跨度的猪舍,一般采用预制板或现浇钢筋混凝土屋面板,其造价一般较高。拱顶式可用砖拱,也可用钢筋混凝土薄壳拱,小跨度猪舍可做筒拱,大跨度猪舍可做双曲拱,其优点是节省木料,设吊顶后保温隔热性能更好。钟楼式和半钟楼式猪舍在屋顶两侧或一侧设有天窗,因此,利于采光和通风,夏季凉爽,防暑效果好,但冬季不利于保温和防寒。钟楼式和半钟楼式在猪舍建筑中采用较少,在防暑为主的地区可考虑采用此种形式。

(三)猪舍类型

猪舍根据屋顶形式可以分为单坡式猪舍和双坡式猪舍。单坡式猪舍结构较为简单,建筑成本低,猪舍采光通风好,适宜小型规模猪场。双坡式猪舍则猪舍跨度大,保温性能好,猪舍投资高,适宜双列和多列猪舍。猪舍根据墙的结构和有没有窗户分为封闭式猪舍、开放式猪舍和半开放式猪舍。封闭式猪舍即四面具有墙体,可具有窗或无窗。开放式猪舍即三面具有墙体,采光和通风性能好,成本低但冬季过冬需要做好保暖工作。半开放式猪舍三面具有墙体,一面墙体为半截墙,保温相较于全开放式较好,但较封闭式猪舍差。

猪舍根据排栏方式可分为多列式猪舍、单列式猪舍和双列式猪舍。多列式猪舍猪栏以四列式较多,猪栏多可饲养猪只多,人工饲养管理效率高,采光和通风差,内部构造复杂。单列式猪舍采光通风较好,猪舍内部容纳猪只较少,适宜饲养种公猪和后备种猪。一般散养猪户也多采用此种方式进行饲养。双列式猪舍,猪栏为两列,两列中间有过道,猪舍内部布局整齐,管理较为方便,保温性能也较为良好,不足之处为猪舍采光差,容易潮湿。猪舍根据饲喂的猪只功能又可以分为生长与育肥猪舍、仔猪舍、分娩哺育舍、妊娠母猪舍、空怀母猪舍和公猪舍。生长与育肥猪舍主要采用大栏、地面群养、自由采食的方式进行,仔猪舍一般采用塑料漏粪地板网上饲养,分娩哺育舍舍内多设有分娩栏,多为两列式猪舍或三列式猪舍。妊娠母猪舍一般在单走道双列式猪舍内饲养,圈舍结构为栅栏式、实体式或综合式。公猪舍一般设有活动场,内部设有走廊,多为半开放式或单列式。

(四)不同猪舍建造基本要求

1. 公猪舍

公猪舍一般被设计为带有运动场的猪舍,这对保证公猪充足的运动空间、防止公猪过度肥胖、保障公猪健康、提高公猪性欲和精液品质、延长公猪使用年限等方面均有好处。猪栏结构有实体式、栏栅式和综合式三种,公猪栏要求比母猪和育肥猪栏宽,面积一般为 $7\sim 9\ m^2$,栏高为 $1.2\sim 1.4\ m$。母猪栏应放在公猪栏对面,有利于刺激母猪发情,公猪放出在母猪栏前后过道上运动,能及早地发现母猪发情,对于配种及提高受胎率有好处,同时也便于通风和管理人员观察和操作。公猪栏可与待配空怀母猪栏紧密相连,即 3~4 个待配母猪栏对应一个公猪栏,公猪栏同时又是配种栏,母猪在配完种后驱赶回原来的猪栏。这种配置方式猪舍占地面积小,不需另设配种区,配种时仅需驱赶母猪到公猪舍,操作起来简单易行。

2. 空怀、妊娠母猪舍

空怀、妊娠母猪最常用的一种饲养方式是分组大栏群饲,一般每栏饲养空怀母猪4~5头、妊娠母猪2~4头。猪圈布置多为单走道双列式,猪圈面积一般为7~9㎡,地表不能过于光滑,以防母猪跌倒。也有用单圈饲养,一圈一头,舍温要求15~20℃。

开放式的猪舍建筑可有效利用自然光照和通风,十分有利于母猪的体质健康。各地因气候条件不同,可选用不同的式样,使房舍建筑更为经济实用。开放式猪舍无前墙,舍内靠后墙设有走道,猪舍结构简单,通风好,但防寒差。半开放式猪舍比开放式多半截前墙,天冷时可在半截墙上加装草帘或塑料薄膜等材料,较开放式猪舍的保温性能明显提高。在冬季十分寒冷的北方地区,则宜采用有窗封闭式或改进的塑料大棚猪舍,其建筑要点就是要通过改进窗户或塑料棚的设置与面积,使舍内尽可能多地获得太阳光照,也有应用塑料大棚对有窗封闭式猪舍进行改进,既抗寒又经济,很适合寒冷的北方地区。

3. 分娩哺育舍

舍内设有分娩栏,布置多为两列或三列式,舍内温度要求15~20℃。分娩栏位结构也因条件而异。地面分娩栏:采用单体栏,中间部分是母猪限位架,两侧是仔猪采食、饮水、取暖等活动的地方。母猪限位架的前方是前门,前门上设有食槽和饮水器,供母猪采食、饮水,限位架后部有后门,供母猪进入及清粪操作。可在栏位后部设漏缝地板,以排出栏内的粪便和污物。网上分娩栏,主要由分娩栏、仔猪围栏、钢筋或无毒化工新材料(PVC、PPC等)编织的漏缝地板网、保温箱、支架支腿等组成。

4. 仔猪保育舍

舍内温度要求 26~30℃。可采用网上保育栏,1~2 窝一栏网上饲养,用自动落料食槽,自由采食。网上培育减少了仔猪疾病的发生,有利于仔猪健康,提高了仔猪的成活率。仔猪保育栏主要由钢筋等新化工材料编织的漏缝地板网、围栏、自动落食槽、连接卡等组成。

5. 生长、育肥舍和后备母猪舍

这三种猪舍均采用大栏地面群养方式,自由采食,其结构形式基本相同,只是在外形尺寸上因饲养头数和猪体大小的不同而有所变化,一般 0.8~1.2 ㎡/每头。

(五)规模养猪场常用设备

目前,规模养猪常用主要设备有猪只限位饲养栏、漏缝地板、清洁消毒设备和规模猪场建设常见四大系统设备。

1. 猪只限位饲养栏

猪栏一般有分娩栏、公猪栏、保育栏和生长育肥栏。分娩栏用于母猪将要分娩到母猪分娩这一段时间,是母猪进行分娩和对出生仔猪哺乳的场所。母猪分娩栏长 2.2~2.4 m,宽为 3.6~3.8 m。限位饲养栏长为 2.2~2.3 m,宽为 0.65 m,高为 1.0~1.05 m。

2. 猪舍漏缝地板

猪舍漏缝地板有塑料板块、钢筋编织网、钢筋混凝土板条和钢筋焊接网等。漏缝地板要求结实耐用、抗腐蚀、易清洗,且猪只不易打滑。

3. 清洁消毒设备

进出猪场人员需要用到的设备有紫外线照射灯、衣柜、热水器、淋浴器、洗衣机和工作服等。进出猪场车辆则需要有消毒池和专业的冲洗喷淋消毒机。猪舍内部则需要使用喷雾器、地面冲洗喷雾消毒机、火焰消毒器和化粪池等。

4. 规模猪场建设常见四大系统

(1) 自动供料系统。随着我国规模猪场不断大量投产,及猪场用工形势日益严峻,猪场自动喂料系统被广泛应用。猪场自动喂料系统具有以下优点。

第一,猪场使用集中供料系统和集中储料塔,可以对饲料进行集中管理,避免饲料浪费及污染现象,保证饲料的新鲜和干净,还可以保持猪场干净整洁;第二,可以精准控制、节省人力、提高生产效率、降低养殖成本;第三,可以配合定量,饲喂猪只时间短,喂料过程安静;第四,可以减少猪只应激、流产、再发情、器械损伤等情况的发生,有利于猪病防治。

猪场自动化上料系统是在三相交流电动机的带动下,刮板式链条通过管道,将饲料从料罐运送到猪舍。料线管道从猪只采食的食槽上面经过,在每一个食槽位置都留有一个三通下料口,饲料在链条的带动下自动流入食槽中。运送料按时间控制,每天可以设置多个时间段供料,到设定开启时间,三相交流电动机接通电源,带动刮板链条开始输送料。

自动供料系统料仓比较高,一般在室外安置,在安装好设备后,可搭一个棚,以免雨水淋湿设备。料仓管道的接口处,用玻璃胶密封,避免雨水流入输料管道,污染饲料。自动上料系统由专人负责维护、操作,猪场其他人员不得随意操控,以免发生意外。上料电机和输料电机动力电源线一定要架设牢靠,使人和牲畜不易触及。定期检查传感器信号线,避免被老鼠咬断,或者固定不牢固而脱落,被猪咬断。

(2) 供水系统。规模化养猪场的供水系统一般应设置三套,即一套猪的自动饮水供水系统,一套带增压设备的猪舍冲洗消毒用水系统,一套专供猪群投药饮水的保健用水系统。

自动饮水供水系统可实现猪只在需要时能即时饮到清洁充足

的饮用水,保证猪的正常生长发育的需要;带增压设备的猪舍冲洗消毒用水系统可以高效地完成猪场的清洗消毒工作,并可用于夏季的喷雾降温,减少猪只的热应激。保健用水系统可以轻松地完成不同时期猪的药物预防保健或疾病防治任务,减少转圈、环境、疫病等对猪造成的不良应激,提高猪群的免疫抗病能力。

如果采用冲洗用水和饮用水分开的方式,由于冲洗用水主要考虑用水量的问题,经一般净化消毒处理和简单的水质监测即可大量使用地面水资源,可节约用水的成本。

猪场的所有供水管道建议均使用 PVC 管材,这种管材不仅安装管理方便,而且清洁卫生,结实耐用,不会生锈腐蚀,出现管道堵塞的现象也较少。为保证全群猪只的健康生长,就要保证充足的供水量,这就要求对于不同阶段的猪只采用与之相适应的类型和型号的饮水器,同时饮水器安装数量、安装高度和位置也要合理,以便于猪只科学饮水,减少对水的浪费。

在全群供给猪只饮水时,对供水的温度也应该有严格要求。一般要求饮水温度,种猪控制在 $10 \sim 30 ℃$,哺乳仔猪最好控制在 $22 \sim 37 ℃$。试验证明,30℃饮水可显著提高断奶仔猪日饮水量以及日粮磷的表观消化率,显著降低断奶仔猪料肉比。适宜的水温将有利于猪只的饮水量增加,保证生猪的安全健康生产。

此外还需要定期检测水质、加强对供水的消毒,保证猪场的供水安全。对于提供给规模化养猪场的地下或地表饮用水一定要定期抽检水质,一般每半年至少检测 1 次。对于水质不符合要求的饮用水一定要及时消毒和处理,在保证水质安全卫生的情况下才能使用。

(3)粪污处理系统。工厂化养猪,集约化程度较高,规模较大,每天产生的粪污量大,必须进行有效的贮存和处理,否则就会污染附近的环境和水源,影响人畜的健康,阻碍养猪生产的发展。因此,在建场时，必须同时考虑粪污处理问题。粪污处理方法很多，但目前尚难找出某一种单一处理方法能达到所要求的满意结果，往往根据猪场具体条件、预算费用和操作是否方便等因素来确定最佳的粪便处理方式。

目前一般规模化猪场较为典型的粪污处理系统有以下几种：第一种处理系统适用于非水冲式，即粪便处理主要不是靠水冲，而是靠人工清扫或机械刮粪将粪污分离，分别进行处理。第二种方式是猪粪污直接进行厌氧发酵处理后排放或利用，或生产沼气而加以利用。第三种方式是将猪粪污通过自然沉淀而分离为浓稠物和稀液，分别进行处理。第四种方式则通过固液分离机把粪污水分离为固形物和液状物，然后分别进行处理。第五种称为环保（零排放）养猪法，即猪的粪污通过猪舍内生态垫料床自然发酵分解、循环利用，一般3～5年清理更换一次垫料。平时不用人工处理猪的排泄物，也不向猪舍外界排放有害气体等。

（4）防暑降温系统和保温措施。猪场环境控制的新型降温系统为负压风机和降温湿帘系统，使用负压风机和降温湿帘自动降温系统能有效地改善舍内空气的温、湿度，保证猪群的健康生长。负压风机和降温湿帘系统是由一种表面积较大的特种波纹蜂窝状纸质做成的湿帘及高效节能低噪声负压风机系统、水循环系统、浮球阀补水装置、供电系统等组成。

当风机运行时，猪舍内产生负压，使室外空气经过多孔湿润的湿帘进入猪舍，同时水循环系统开始工作，水泵把机腔底部水箱里的水沿着输水导管送到湿帘的顶部，使湿帘充分湿润，湿帘表面上的水在空气高速流动状态下被蒸发，带走大量潜热，迫使流过湿帘的空气温度低于室外空气的温度，即降温湿帘处的温度比室外温度低5～12℃。空气愈干热，温差愈大，降温效果越好。由于空气始终是从室外引进室内，所以能保持室内空气的新鲜；同时由于该机利用蒸发降温原理,因此具有降温和改善空气质量的双重功能。在猪舍中使用降温系统,不但能有效地降低猪舍内的温度,改善舍内空气的湿度,而且还能引入新鲜空气,减少猪舍内有害气体的浓度。该系统的自动温控性能大大地减轻了饲养人员的工作强度,提高了工作人员的工作效率。

在冬季比较寒冷的地区,应做好猪舍的防寒保温工作。首先,要做好猪舍的保温设计,保温材料要达到足够的厚度并压紧压实。墙壁用空心砖或加混凝土块代替普通红砖,用空心墙体或在空心墙中填充隔热材料等均能提高猪舍的防寒保温能力。设置双层窗,并尽量少设北窗和西侧窗。加强地面的保温能力,猪舍地面多为水泥地面,可在趴卧区加铺地板或垫草等,也可用空心砖等建造保温地面,但造价稍高。其次,加强冬季防寒管理。入冬前做好封窗、窗外敷加透光性能好的塑料膜,以及门外包防寒毡等工作。简易猪舍覆盖塑料大棚。通风换气防止舍内潮湿,但要尽量降低气流速度。猪卧处铺设厚垫草,舍内适当加大饲养密度。再次,采取以上各种防寒保温措施后仍不能达到要求的舍温时,须采取供暖措施。猪舍的供暖保温可采用集中供热、分散供热和局部保温等办法。可根据实际情况采用不同的方法。

| 第二章 |

猪场生物安全管理

　　猪场生物安全管理的主要作用是将病原微生物进入猪场内部的所有途径提前阻断，将可能进入猪场的病原体抵挡在猪场之外，达到保证场内猪只健康的效果。随着近年来严峻复杂的猪病疫情环境和猪场饲养集约化，生物安全防控体系的重要性日益凸显。我国猪场生物安全问题被重视起来主要是从2018年开始，大面积暴发的病毒性疾病——非洲猪瘟疫情和随后一段时间内猪肉价格的大幅上涨，许多猪场自发开始重视防疫安全工作。猪场组建或引进专业团队进行猪场生物安全防控，制订更为详细的猪场生物防疫制度，设置和改善生物安全设施。在日常生产中也表明，猪群中经常发生的流行性腹泻、口蹄疫和猪瘟等烈性传染病，均是由外界携带病原传染给健康猪群的。所以，必须要做好猪场与外界的生物安全防控工作，可有效杜绝这些传染性疾病的流行和传播，尤其是对于没有发生过烈性传染病的猪场，更需要做好猪场生物安全措施，杜绝疫病传播入场。本章就猪场生物安全管理制度建设，猪场生物安全日常操作管理，猪场引种生物安全措施，猪场生物安全消毒剂的选择和猪场生物安全增强措施等内容进行浅谈，帮助广大养殖户树立重视猪场生物安全意识，清晰具体防范措施，做到科学有效开展猪场生物安全工作。

一、猪场生物安全管理制度建设

(一)提高全场工作人员生物安全意识

生物安全是猪场防控疫病的生命线,生物安全文化是生物安全的灵魂。加强生物安全建设的根本途径是生物安全文化的培育和创新。应加大对生物安全文化建设的投入,加强和普及生物安全培训,提高全员生物安全防控意识,从员工思想上牢固树立生物安全防控理念,让猪场工作人员掌握生物安全体系的各项环节、标准操作及生物安全体系不健全所带来的灾难性后果,做到高标准、严要求,从我做起。针对个人生物安全操作,定期考核计入薪资,从而更好地增强生物安全防控技能,提高生产效益。成立专业生物安全小组,制定适宜本场的生物安全举措,对猪场内外进行专业的生物防护,对存在生物安全隐患的部位及时进行整改。猪场生物安全一般包括场区隔离、车辆消毒、人员隔离及消毒、物资消毒、环境消毒、引种监测、生物媒介的消除等。凡是进入猪场的人、物品、车辆等都要进行消毒,还需对鼠、鸟、蚊蝇等生物媒介进行控制,防止传播病原。

(二)明确生物安全等级

猪场生物安全需要根据猪场的不同而进行相应的设置。生物安全健康等级由低到高为育肥猪场、父母代猪场、祖代扩繁场、原种猪场。同一猪场内部猪群生物安全等级由低到高为育肥猪、保育猪、种母猪、种公猪。生物安全健康等级越高,猪场生物安全措施更要细致严谨。猪群在流动过程中只能由生物安全等级高的向生物安全等级低的猪群流动。根据猪场生物安全洁净程度可将猪场分为脏区、净区和灰区。脏区和净区是相对的概念,任何猪场内任何区域都有脏区和净区,灰区则是介于这两个区之间的区域,是过渡区和准备区。想由脏区进入净区,必须要通过灰区严格的生物安全防护才可进入。猪场各功能区的生物安全等级由低到高则是猪场外、生活区和办公区外、内部生活区和生产区。猪场内生产区域生物安全等级由低到高则是育肥舍、保育舍、妊娠舍、种公猪舍。生物安全等级高的需要安排到上风向区域,生物安全等级低的则需要安排到下风向区域。

(三)猪场生物安全体系建设的意义与原则

建设完善的生物安全体系,严格执行生物安全措施,是目前防控包括非洲猪瘟疫病在内的一条有效途径。建设完善的猪场生物安全体系能大大减少猪病的发病风险,减少猪场疫苗、药物、保健品的使用,降低饲养成本,提高生产效率,也是猪场最经济、最有效的疫病控制体系。

猪场生物安全体系建设最重要的原则包括三点,分别是隔离、洗消和监测。

隔离是猪场生物安全建设的第一个重要原则,目的是让未感染的猪只与已被感染或具有潜在感染能力的猪只以及被污染物品远离,这是阻断病原传播扩散最有效的途径。隔离的具体措施有科学选址与布局,合理建立围墙、隔离区等物理隔离屏障,严格控制猪场进出车辆、人员、物资、猪只等。

洗消是猪场生物安全建设的第二个重要原则,猪场猪只感染病原主要是由于接触了携带病原的猪的粪便、尿液、分泌物,通过水的清洗可以有效去除大面积的病原污染物。所有进出猪场的车辆、人员、物资等都需要认真冲洗干净,确定无肉眼可见污染物时再进行消毒。在对猪场消毒时要科学选择消毒试剂,选择恰当的消毒方法进行消毒,避免导致进出猪场的车辆、人员、物资受到损伤或消毒不彻底。猪场应该选择复合配方类的消毒剂,这一类消毒剂通常含有表面活性剂,可以有效渗透到污染物内部,从而做到有效消毒。

监测是猪场生物安全建设的第三个重要原则。猪场生物安全需要定期进行病原检测,监测猪场的生物安全是否存在漏洞,生物安全的措施是否严格进行落实,构建的猪场生物安全体系是否有效果。

二、猪场生物安全日常操作管理

(一)猪场的人员、物流、车流和其他动物的管理

1.人员管理

猪场需尽量减少人员进出,无论是外来人员还是内部人员都需要切实做好封场管理,人员流动是多种病原进入猪场的活载体,进出场人员必须严格执行生物安全操作流程,评估访客生物安全风险。人员进场时须经过具有消毒能力的通道,如果为规模化猪场,则需设立专门的保安室,安排24 h在岗值班工作人员,明确岗位职责,贯彻猪场负责人的指示,确保进出人员及时认真填写《访客日志登记表》《员工出入记录表》和《物料进出场登记表》,确保不将病原放入场内。猪场也需尽量减少参观,人员进入各个生产区必须经过脚浴盆消毒。访问时可先参观保育舍,再看产房、配种舍,最后看育肥舍。各个区之间不能随意走动,猪场内的所有走道、淋浴房每周消毒一次。购猪人员不能进入装猪台,猪场的赶猪人员不能进入装猪车。

猪场场外人员不允许随便进入猪场,如果确需入场时,必须提前申请,审核其3 d内的活动背景,了解其是否去过其他生物安全高风险区域,如其他猪场、屠宰场、无害化处理场和动物产品交易场所等,审核通过后,入场人员需要到洗消中心进行全身消毒。人员消毒通道所选用的消毒剂应无刺激性、无腐蚀性。入场后,没有特殊情况,外来人员不允许进入生产区。确需进入时,人员在进场时需

要进行单向流动,即按照"脏区→灰区→净区"流程进行,人员在经过灰区时,需要洗澡更换衣物,重点清洗部位包括头发、鼻孔等易接触到猪场内部环境的部位。厂区内也需要根据不同季节,不同场区准备不同颜色的拖鞋和胶鞋,用来区分生活区、生产区、浴室区等。灰区洗澡间应该保持干净、清洁,避免因为脏乱造成猪场内传染病原的传入。

进入人员需按要求进行消毒、沐浴。进入栏舍前,脚踏栏舍外的消毒池;进入产房前,在每栋栏舍内更换专门的胶鞋或拖鞋;走出生产区前,在指定地点对胶鞋鞋底、鞋面进行彻底清洗,踩踏消毒池,更换拖鞋,换下来的胶鞋鞋底可摆放到鞋架上,鞋底应倾斜朝上摆放整齐,脱下工作服放入指定衣物回收桶统一清洗;进入沐浴间沐浴,沐浴时间不少于 10 min,沐浴结束后更换生活区衣物并及时离开生产区。

2. 物流管理

规模化猪场应对物资进行例行检查,有效鉴别和分类可浸泡与不可浸泡物品,不可浸泡的物资可选择放在窗口消毒柜进行臭氧消毒。熏蒸消毒要求为臭氧含量 20 mg/m³ 条件下 2 h,熏蒸间的内外门由专人管理,使用镂空消毒架,以保障物资充分接触臭氧并且定期需要开启紫外灯。所有物资需去除外包装或敞开后消毒,防止物资在养殖场间产生交叉感染。疫苗需去除所有外包装后直接进场,人工授精使用的精液入场按相关操作流程进入。需进入产区的大型物件在无法熏蒸消毒时,使用适当消毒液喷洒消毒,消毒后 1 d 先进入产区生活区,一般放置 3 d 后再进入产区。一般随身物品(如手机)进入时可选用适宜消毒液进行擦拭后才可带入生活区,但不能带入生产区。鞋底在进入熏蒸间时必须清洗干净。

3. 车辆流通管理

车辆流动性强,车辆种类有种猪运输车、苗猪转运车、仔猪售卖车辆、生猪运输车、淘汰猪运输车、无害化清理转运车、饲料车、餐车、物资专用转运车和人员专用接送车等,是猪场生物安全工作中较为重要的关键点,是极其危险的病原传播媒介,必须进行严格的管控与消毒。对于访问猪场的车辆,猪场要在场外设置停车场,所有外来车辆一律停靠在停车场内,不许进入场区内。饲料车在进入生产区之前应进行清洗消毒。外地的装猪车进入装猪台时也必须严格消毒,并且不能进入生产区。猪场车辆应明确划分净污道路,明确车辆路线,切实做好车辆、人员运输途中动态轨迹跟踪、洗消管控、检测管控和进出场区管控。

4. 猪场鼠、蚊、蝇的管理

养殖场要建有防鸟、防鼠、防犬猫、防蚊蝇、防虫蜱等生物安全措施。猪场的鼠患危害不言而喻,应建立长效的灭鼠机制,定期开展灭鼠工作。做好鼠情调查,综合使用灭鼠方法,综合防控,确保场区内外灭鼠取得实效。具体的灭鼠方式有建筑物(隔离围墙、挡鼠板)阻隔、机械式灭鼠、药物灭鼠等。在选择灭鼠的药物时要选择对人、畜影响小的鼠药,应定期选择不同鼠药对鼠进行消灭。灭鼠时也可使用捕鼠夹、捕鼠笼、粘鼠胶以及安全的灭鼠药和请专业灭鼠队进行定期灭鼠。场内工作人员在投鼠药前要多途径告知全场所有人员,说明鼠药投放地点,同时要加强鼠药管理,防止人畜误食。厨房、餐厅应备有粘鼠板,慎用灭鼠药,泔水及食物残渣需及时转移出场。投放老鼠药后,生活区工作人员每天对投放点检查 2 次,发现死老鼠统一收集后对其火化或深埋。猪场灭蚊、蝇措施,每年的 4~11 月份,天气炎热,蚊虫会大量滋生,每个月全场应集中灭蚊蝇 1 次。针对猪场蚊蝇可以采取的措施有物理方法:首先要及时清理猪场粪便,将粪便清理到偏僻的地方,不能距离猪舍过近。其次要冲洗干净猪舍,保持猪舍干爽清洁,有条件的猪舍可以密封防护,添加防蚊蝇网,及时清理场内外杂草和定期消毒。化学方法:选择蚊蝇比较多的区域,全部覆盖,喷洒环丙氨嗪药物,彻底杀灭蚊蝇。此外,养殖场要建有防鸟、防犬猫和防虫蜱等生物安全措施。猪场生物传播媒介对猪只会造成应激,传播疾病,长期易导致猪群免疫力下降,影响猪只生产性能。猪场经常发生的痢疾、乙脑和流感等大多是这些有害蚊、蝇传播引起的。同时,需要杜绝与畜禽混养,防止疫病传播和交叉感染。

(二)猪场所用饲料和水源的管理

1. 猪场所用饲料管理

猪场所用饲料原料需要严把原料源头关,无论是从外部采购过来的还是自产的都需要确保饲料源头品质优良,确保饲料原料检验结果符合国家相关标准和要求。在饲料制作过程中,要选择科学合理的配方进行配制饲料。在原料添加时,无论是机器添加还是人为进行添加都需要添加准确,选用药物时,避免交叉污染。外场购入的饲料可先放储存库中干燥消毒一定时间再进行使用,购入的饲料或制成的成品饲料要选择好存放位置,宜选择干净整洁、不潮湿、避光的场所进行储存,避免发霉变质或被老鼠、鸟类破坏。使用饲料时要遵循先进先出原则,选择较早存储的饲料进行使用。母猪厂应采用罐装车隔墙给料的方式进料。饲料袋不得进入产区。如需使用教槽料应拆除外包装改用其他容器进入产区。做好饲料管理人员的技能培训,以使所用仪器妥善使用和保养所用物料不浪费和精准使用。

2. 猪场所用水源管理

猪场所使用的水主要是深井水、自来水和地表水。猪场所采用的水要定期进行水质监测,使用氯制剂对水体进行消毒或使用新型净化水设备对水进行净化。建议使用地下水或者自来水,尽量不要使用地表水,地表水一般会给猪场传入猪流行性腹泻病毒和口蹄疫病毒。此外,每年还需要定期进行水质检测,一份为主水管出水,另一份为猪只饮水管用水。猪场内部应该组织每年清洁一次饮水线,这样可以避免饮水线污染造成的猪群感染疾病。

(三)猪场猪只销售管理

猪场需设置装猪台,便于生产区与外界有效衔接。设置装猪台后,还需要制订装猪台安全防护管理制度,场内工作人员需要学习相关制度。猪只在销售过程中,对外来购猪人员和车辆应及时消毒,合理科学设置猪只销售中转场地,尽可能做到场内人员不接触外来购猪车辆。装车完毕后饲养人员及时按照制度要求到消毒室进行彻底消毒,消毒完赶猪通道后才能返回猪场生产区。

猪只销售过程中如果防疫没有做好,输入疫病的风险就会加大。有些猪商贩生物安全防范意识不强,不进行严格的消毒,经常会成为传播媒介,将疾病传播开来。

(四)猪场病死猪无害化处理

猪场饲养管理人员可人工或在视频监控中每天观察猪群整体状况,如发现病猪需要及时进行标记,并进行治疗。发现具有传染性疾病的猪只,要进行隔离治疗并及时评估治疗效果,经过长期治疗未痊愈的猪只,需要立即处死。目前在非洲猪瘟疫情的影响下,猪场内如发现疑似非洲猪瘟病死猪,一定要按照当地畜牧兽医主管部门政策要求进行申报处理,不能随便自行处理,更不可进行出售。

病死猪具有大量病原体,必须包裹严密,不可外泄,由场区污道转由抛猪台抛出至内部转运车中。转运车辆要按照规划路线进行运输,注重对车辆、人员、运输路线和场地的消毒。病死猪运输过程中,需要尽可能少地接触地面,参与处理病死猪的人员不得在生产区随意走动,需要更衣洗澡消毒后才可返回生产岗位。

病死猪无害化方法有深埋法、焚烧法和发酵法。选择深埋法时,需要选择远离公共场所、畜禽养殖场所、村庄和水源地等地方,要处于下风向,坑深至少 2 m,高出地下水 1 m,掩埋病死猪的最高部位需要距离坑面不少于 1.5 m。焚烧法可选用柴堆焚烧、焚烧窖焚烧和焚化炉焚烧。柴堆焚烧时要远离易燃易爆场所,远离居民区,进行焚烧时可先浇部分燃料,焚烧过后要喷洒或干撒一些消毒剂。发酵法是利用生物热的方法将死猪尸体发酵分解,需要建足够的空间发酵池,池口需要设盖,不能让犬、小鸟或其他动物误食从而引起疾病传播,池底密封,当动物尸体堆到池口1.5 m处时封闭池口密闭发酵,发酵时间3个月以上,发酵后可做肥料使用。大型猪场生物坑需100 m^3以上,生物坑周围要每月进行1次消毒,并在周围撒石灰。如果没有进行有效无害化处理,一旦病原扩散和蔓延,将会引发重大的动物疫情和重大的公共卫生安全事件,势必给社会和广大养殖场户带来严重的影响和危害。

三、猪场引种生物安全措施

(一)引种隔离

从外面引进猪群后需要进行隔离饲养,期间观察猪只是否有发病症状,及时清除带毒猪只,避免将外界病原体携带入场。因为传染性疾病均存在潜伏期,在疾病潜伏期内的猪只不表现临床症状,与健康猪只没有明显区别,只能经过隔离饲养一段时间,超过疫病潜伏期后,没有什么临床症状才能说明引进猪群是健康的。同时有的疫病在猪群呈隐性感染,也没有症状,针对这些疫病可以通过抗体检测,将隐性感染猪只查找出来进行淘汰。

(二)病原检测

猪场在引进猪群时需要及时对场内进行相关传染性疾病病原检测。新建猪舍要安置完备的生物安全设备,引种用到的车辆要进行消毒,并进行相应的病原检测。猪场引种次数不宜频繁,单场引种次数也不宜过多。

猪场在引种期间需要设立临时专班人员进行协调和调度,如发现有违规或有可能导致不良后果发生的情况时,要及时进行制止,有其他突发事件要及时向猪场管理人员进行汇报。

(三)空舍的消毒

空舍消毒可以按照清理、冲洗、喷消毒液、熏雾、空一段时间的顺序进行操作。猪舍的病原微生物可残存在猪舍的废弃物中,及时将这些东西清理掉,病原微生物就没有了生存的基本环境。清理完废弃物后可以用高压水枪对猪舍进行冲洗,将不易被清理的废弃物进一步进行清理。经过清理和冲洗,猪舍的病原微生物大量减少,猪舍中就需要喷一些消毒液进行消毒,将病原微生物用药物进行消杀。对猪舍熏雾也是使用具有消毒功能的气体对猪舍进行全方位消毒。最后就是将猪舍空一段时间,使猪舍干燥,这样空舍的消毒会更彻底。

四、猪场生物安全消毒剂的选择

(一)猪场常见的消毒种类

对猪场进行消毒是保障猪场生物安全的主要措施,可有效切断病原传播途径,做到将健康猪只与病原分隔开。猪场进行消毒可以分为预防性消毒、临时消毒和终末消毒。预防性消毒即日常生产过程中,防止一些传染病和寄生虫病的发生,定期反复对猪场内的人行通道、办公区、生产区等区域进行消毒。临时消毒即在猪场内发生传染病时采取的应急性消毒措施。终末消毒是指病畜在解除隔离前,感染疾病痊愈后或者死亡后以及在疫区不进行封锁之前进行的消毒。

(二)猪场常用的消毒方法

消毒方法可以分为化学消毒法、物理消毒法和生物消毒法,猪场日常多采用前两种方法进行消毒。生物消毒法主要是在粪便、污水发酵处理过程中使用,通过微生物产热和产酸杀灭病原微生物。

化学消毒是猪场进行消毒常用的方法,使用起来比较灵活、方便,猪场常采用的化学消毒剂有氢氧化钠、甲醛、高锰酸钾和酒精等;使用方法为按照一定比例进行配制或直接使用,可通过喷洒、浸泡、熏蒸等方式进行消毒。物理消毒为使用物理因素杀灭或清除有害病原,具有消毒快、不残留有害物质的特点;通常使用的物理消毒方法有火焰消毒、高压蒸汽消毒和紫外线消毒等。

1. 猪场常用的化学消毒剂

(1)强碱类消毒剂。碱类杀菌单品有氢氧化钠又称火碱、生石灰等,其作用机理是改变介质的 pH,破坏细胞膜的通透性,氢氧根离子使蛋白质水解、变性或沉淀,一般使用浓度为 2%。其优点是可杀灭细菌繁殖体,对病毒有较强的杀灭作用;对寄生虫卵也有杀灭作用。缺点是易灼伤组织,有腐蚀性,不适用于水的消毒,成分单一,杀毒范围窄,粗制品有效成分含量低。对病原微生物具有较强的消灭作用。生石灰主要成分是氧化钙,灰白色或白色粉状或块状。遇水后生成氢氧化钙具有消毒能力,生石灰制成的石灰乳稳定性较差,容易与二氧化碳或土壤中碳酸根形成碳酸钙从而失去消毒能力。

(2)醛类消毒剂。醛类消毒剂有效成分以醛基结构发挥效果的一类消毒剂,常见有甲醛和戊二醛,最早用作消毒剂的是甲醛,其杀灭病原机理主要是甲醛分子中的醛基与微生物蛋白质和核酸分子中的基团等发生碰撞,破坏分子活性,最终导致微生物的死亡,能够使病原微生物蛋白质发生变性从而起到消毒效果,甲醛对病毒、细菌、真菌和芽孢都起效果。1%~2% 的甲醛消毒溶液也能够消灭炭疽杆菌、结核杆菌和病毒。甲醛的优点是杀菌效果可靠、使用方便,但其致命弱点是气味刺激性强烈,受温度与湿度影响明显,长时间接触甲醛的毒副作用明显,机体易受损,甚至诱发癌症。戊二醛是一种中性化学制剂,其水溶液呈弱酸性,并不具有杀芽孢作用,使用时只有加入碱性剂之后才能激活其杀灭微生物的作用,故戊二醛的消毒作用在很大程度上受 pH 的影响。使用戊二醛对特定病原消毒时,需结合戊二醛的使用温度、稀释比例和作用时间,方可将消毒效果发挥到最大化。

(3) 强氧化剂消毒剂。强氧化剂消毒剂高锰酸钾水溶液不同的浓度具有不同的消毒效果,当浓度在 0.01% ~ 0.1% 时,对病毒、细菌繁殖体具有消灭效果,对肉毒杆素毒素具有破坏效果。当浓度在 2% ~ 4% 时,消毒液持续作用 24 h,可杀灭细菌芽孢;当浓度在 0.05% ~ 0.1% 时,对化脓创伤清洗消炎具有很好的效果;当浓度在 0.01% ~ 0.05% 时,可用于动物泌尿道和生殖道冲洗消毒,此外可还具有除臭作用。高锰酸钾水溶液在使用过程中应现用现配,避免分解失去作用。盛装高锰酸钾水溶液的容器着色后不容易被清洗掉,可用过氧乙酸或草酸擦拭去除。

(4) 醇类消毒剂。猪场常用的醇类消毒剂有乙醇和异丙醇,该类消毒剂的杀菌机理是通过破坏病原体蛋白质的活性从而达到消灭病原体的效果,尤其对非洲猪瘟病毒有一定的作用,对亲水性的病毒消毒效果不佳。醇类消毒剂主要用于猪的体表清洁消毒、注射针头的消毒。由于醇类消毒剂易挥发,所以在实际消毒过程中多采用浸泡和擦拭的方式进行,从而保证消毒效果;在实际生产中,醇类消毒剂常与新洁尔灭等配伍使用,能显著增强协同消毒效果。不足之处就是较一般消毒剂成本高,容易挥发和被明火引燃,在试剂储存和使用时需要认真小心。

(5) 含氯消毒剂。含氯类消毒剂对细菌、真菌和病毒均有杀灭作用,主要作用在病原体的菌体蛋白上,常使用无机氯的消毒剂有漂白粉、次氯酸钠和次氯酸钙等,有机氯消毒剂有如氯胺、三氯异氰尿酸和二氯异氰尿酸钠等。含氯消毒剂在杀菌效果上优点突出,杀菌谱广、作用迅速、价格低廉;其杀灭机制主要是含氯消毒剂在水中形成次氯酸,发挥氧化作用,使蛋白质等其他物质变性,导致微生物死亡。含氯消毒剂配制前要测定有效氯含量,以避免消毒时造成无效消毒。猪场可使用漂白粉来作为猪只饮水消毒的消毒剂,亦可使用漂白粉溶液进行喷洒消毒和使用干燥粉末消毒。需要注意具有轻微毒性,应谨慎科学安全地使用配制好的消毒液。

(6)过氧化物类消毒剂。常见有过硫酸氢钾复合盐、过氧乙酸、二氧化氯和臭氧等,这一类的消毒剂在分解后能够产生新生态氧,它非常活泼,氧化能力非常强,具有强氧化作用,在消毒过后不会留下残毒。无刺激性气味,腐蚀性低。过氧乙酸属于养猪场常用的过氧化物类消毒剂,是一种广谱、高效的灭菌剂,其杀灭病原机理主要是利用强氧化特性,破坏微生物防御屏障,与其内含的细胞器、蛋白质、核酸等发生广泛反应,破坏细胞结构,使内容物外泄,导致微生物死亡。但是,过氧乙酸缺点也很明显,性质不稳定,易分解,易燃、易爆、腐蚀性强,对人和猪只的刺激性强等。

(7)酚类消毒剂。酚类消毒剂指芳香烃中苯环上的氢原子被羟基所取代生成的化合物消毒剂。酚类消毒剂杀灭微生物的机制主要是破坏细胞壁和细胞膜的结构,增加通透性;使胞浆蛋白凝固、变性;使细胞主要酶系统失活。优点是在酸性条件下性质稳定,能较好地发挥消毒作用;缺点也很明显,不能杀死芽孢,同时对真菌作用较弱,因具有特殊气味,对皮肤也有一定的刺激作用。目前市场上主要是来苏儿和复方酚溶液。酚类消毒剂在使用时尽量少用硬度过高的水配制;由于其具有毒性,不能给猪消毒,因此一般用于空舍、可移动设备和车辆消毒。2%~4%浓度的甲酚溶液对布鲁氏菌、结核杆菌和猪丹毒杆菌等有消灭效果但苯酚毒性较强。

(8)双胍类化合物消毒剂。双胍类化合物消毒剂如洗必泰,可以用来作为猪场工作人员皮肤、手部、伤口等的消毒。

(9)碘类消毒剂。经常用来作为皮肤消毒,使用浓度为2%或7%,在擦伤伤口上和小伤口上可用此种消毒剂进行消毒。根据不同浓度也可以用来作为伤口、阴道、口腔等的消毒。

(10)季铵盐类消毒剂。季铵盐类消毒剂是由叔铵和烷化剂反应而成的阳离子表面活性剂的总称,如苯扎溴铵和癸甲溴铵等消毒剂,为低效消毒剂,对没有囊膜的病毒消灭效果较差。苯扎溴铵单链季铵盐类,易溶于水,对皮肤没有伤害,除臭效果明显,对金属具有腐蚀性,不能与盐类、阴离子物质或肥皂物质联合使用,容易受水质、有机物、酸碱度和温度的影响。

2. 猪场消毒液的配制及使用

(1)酒精消毒液的配制。按照工业酒精(95%)736.8~789.5 mL,用蒸馏水可稀释至1 L比例进行配制,配制完成后密封保存。

(2)氢氧化钠消毒液。如配制2%氢氧化钠消毒液即称量2 g氢氧化钠,用水溶解后定容到100 mL即可,配制好后密闭保存。

(3)高锰酸钾消毒液。如配制0.01%消毒液时可按照称取0.01 g的高锰酸钾,用水进行溶解后定容到100 mL的比例进行配制。

(4)来苏尔消毒液。如配制1%来苏尔溶液时,可用来苏尔1份加水99份,混均匀即可使用。

(5)熟石灰消毒剂。生石灰1 kg,加水量为350 mL,生成粉末状即可使用。

(6)过氧乙酸消毒剂。过氧乙酸又叫醋酸,配成0.1%~0.2%浓度用于猪舍内外环境、用具及带猪消毒,但要注意带猪消毒时不能对着猪头部喷雾,防止伤害猪的眼睛。

3. 消毒液配制注意事项

(1)称量仪器。选用称量仪器时需选择合适仪器进行称量,避免使用过大容器进行称量造成称量误差过大。

(2)容器选择。使用容器进行配制时,应根据溶解消毒药品是否会放热,选择合适容器进行配制。

(3)消毒液体储存。配制好的消毒液体要及时存储和使用,避免因为存放不当导致消毒效果不佳。

(4)个人防护。配制消毒液体时也需要做好个人防护工作,穿专业工作服,佩戴专业手套,避免被腐蚀液体灼伤到。

4. 猪场日常消毒

(1)入场消毒。猪场大门口进出处需要设置消毒池,便于对进场车辆进行消毒,消毒液可选用氧化钠消毒剂(2%)、醛类消毒剂、碘类复方消毒剂和含氯消毒剂等,车辆驾驶室可以使用烟熏方式消毒或臭氧发生器消毒。人员进出需要通过设定紫外线的消毒室,人体表面消毒剂可选用过硫酸氢钾复合盐类消毒剂、碘类复方消毒剂和季铵盐类消毒剂。人员衣物和胶鞋消毒可选用过硫酸氢钾复合盐类消毒剂、醛类复方消毒剂。场内道路消毒可使用氢氧化钠消毒剂、石灰乳(20%~30%)、醛类消毒剂和碘类消毒剂等。

(2)猪场办公区、生活区以及外来人员隔离区环境消毒,可选用过硫酸氢钾复合盐、苯扎溴铵溶液、聚维酮碘溶液进行消毒,消毒频率为每周消毒一次,如发生疫情需要每天消毒两次。

(3)猪场生产区预防性消毒。多项研究表明,猪群感染呼吸道疾病综合征后,饲料转化率约下降20%,体重达到100 kg的,损失天数将延迟15 d以上。可见,对猪场生产区进行预防性消毒,对于养殖场控制疾病发生与传播来说至关重要。具体可从以下内容进行处理。及时清理猪舍内粪便,空猪舍消毒可选用刺激性较大的药物,浓度需要根据消毒面积进行合理配制,不宜将浓度配制过大或过小。猪舍之间、猪通道和装猪台消毒可使用过硫酸氢钾复合盐类消毒剂、醛类复方消毒剂、醛类消毒剂和含氯消毒剂。产房消毒可使用过硫酸氢钾复合盐类消毒剂、复合碘消毒剂、醛类复方消毒剂和季铵盐类消毒剂。仔猪在断脐、断尾、剪牙、去势等创口消毒时可选用含碘消毒剂和复方碘消毒剂。保育舍消毒可选用过硫酸氢钾复合盐类消毒剂、复合碘消毒剂、醛-季铵盐复方消毒剂、含碘消毒剂和季铵盐类消毒剂。后备猪舍、妊娠母猪舍、公猪舍和病猪隔离舍等消毒可使用过硫酸氢钾复合盐类消毒剂、复合碘消毒剂和季铵盐类消毒剂。猪只饮用水消毒剂可使用硫酸氢钾复合盐类消毒剂、复合碘消毒剂、含氯消毒剂和含碘消毒剂。空舍进猪前两天可使用此配方进行消毒,即按每平方米14~42 mL的福尔马林溶液(甲醛浓度为35%~40%)混入7~21 g高锰酸钾进行熏蒸消毒7 h以上。

(4)疫情消毒。在猪舍暴发传染病时可采用甲醛溶液消毒剂对整个猪舍进行消杀。1%~2%的甲醛消毒溶液也可以给有烂蹄的猪进行洗蹄。

(5)病死猪深埋坑消毒。在坑内撒厚度 2~5 cm 的漂白粉或者生石灰等消毒药,在动物尸体及其他掩埋物体上撒漂白粉或生石灰。掩埋结束后继续使用漂白粉或生石灰对掩埋场所及周边环境进行消毒。在结束掩埋后第一到三周连续消毒。

(三)猪场选择消毒剂的原则

猪场所使用的消毒剂要消毒效果好、毒性低、不具有腐蚀性、对猪场内的设备和物料污染低,要易溶于水,在与其他消毒剂配和使用时消毒效果不减,在存储过程中要稳定,价格低廉。在对猪场进行消毒时,需要及时将周围的环境打扫干净,去除灰尘和有机物,应多种消毒剂交替使用,避免产生耐药性。对市售消毒剂也需要经常调查研究,比对消毒效果。

五、增强猪场生物安全措施

(一)猪只药物保健与免疫

1. 猪群药物保健

为了减少猪群向环境中排放病原体的机会,应对猪群进行药物保健。母猪生产前后一周,在其饲料或饮水中添加保健药物,可以有效预防仔猪感染链球菌、支原体、大肠杆菌和沙门氏菌等,通过实践证明,使用保健药物后可以明显降低仔猪发生腹泻病和关节炎的比例。所以,我们也可以通过药物保健增强猪场生物安全。

2. 猪场猪群强化免疫

为做好猪场生物安全保障,猪场也需要进行科学免疫。科学免疫是防控动物重大疫病的最有效措施。猪场要制定严格的疫苗免疫管理制度、免疫程序和操作规程,确保猪群免疫后获得免疫力,降低动物重大疫病发生的风险。要选用国家批准的正规厂家生产的口碑较好的疫苗。要严格按照猪场制定的免疫程序和疫苗使用说明书要求进行免疫操作。不同种类的疫苗要按储存温度要求分类保管和储存。疫苗使用前，要检查疫苗瓶有无破损、松动、封闭不严、分层、浑浊和过期、变质、失效等情况，使用前要将疫苗摇匀，注射前要将猪只保定好，针头要一猪一换，确保免疫的质量和效果。保定器材、防护服、衣帽、鞋子、注射器等防疫用品使用时要严格消毒，注射器要时刻保持清洁，严防交叉感染。

（1）仔猪　对仔猪进行保健、治疗、技术工作时一窝一针头，一窝一手套，技术工作时刀片每次使用都要进行消毒。

（2）后备猪　后备猪免疫时一栏一针头，免疫时宜选择天气晴朗的上午，用来观察注射疫苗后是否会发生不良反应，对出现异常的猪只要及时向驻场兽医或技术人员报告，进行救治，减少由免疫应激而导致的猪只死亡。猪只在免疫前后 3 d 要严禁使用抗生素和驱虫药物。对猪群中体况不佳、营养状况不好的猪只不应进行疫苗免疫。

（3）母猪　母猪治疗时一猪一针头，母猪免疫时建议每 20 头猪更换一次针头。

（二）猪群抗体监测

科学免疫，适时监测。适时开展对猪群抗体水平的监测，是掌握猪场猪群疫病状态的有效方法。接种疫苗前测定抗体水平，全面掌握猪场猪群的免疫状况和母源抗体情况，决定该不该进行免疫和确定最佳免疫时机。免疫后适时检测抗体，根据免疫抗体水平，决定需不需要再进行强化免疫。怀孕母猪接种疫苗后，仔猪可以通过哺乳途径获得母源抗体，通过检测仔猪抗体水平，可以为仔猪适宜接种疫苗时间提供参考。对于非洲猪瘟这种因没有有效疫苗的传染病，规模化猪场必须要制订有效的监测方案，加强对猪只、人员、车辆、物料和环境等进行严格非洲猪瘟病毒核酸检测，并强化生物安全管控措施，进行严格的洗消，确保有效控制非洲猪瘟疫情的发生。县级动物疫病预防控制机构要定期或不定期加强对规模化猪场的检测工作，便于有效监控规模化猪场免疫状况和疫病状况，及时对免疫不到位、免疫不落实的规模化猪场进行强化免疫，确保不发生区域重大动物疫情。

六、猪场生物安全过程中，工作人员应注意的事项

（一）注意消毒剂的腐蚀性

猪场工作人员需要注意消毒剂的腐蚀性，避免被氢氧化钠消毒液灼伤。此外，如果经常从事消毒工作的人员，一定要做好防护。消毒水如果长期使用，会导致人体免疫能力下降，变得很容易生病，此外，消毒液一般都具有刺激性的气味，吸入时间过久，会刺激呼吸道感染支气管炎、肺炎的风险，另外消毒液的化学成分还有可能致癌。

（二）防止仪器设备和猪只对自己造成伤害

运料设备、清粪设备和防暑降温设备等机器设备运行过程中不能随意触碰，以免伤到自身。饲喂或驱赶猪只时防止猪只顶撞和啃咬到自己，同时猪存有一些人畜共患疾病，如炭疽、布鲁氏菌病、隐孢子虫病、旋毛虫病和日本乙型脑炎疾病等，在日常生物安全操作中需要做好个人防护谨慎操作。

（三）其他注意事项

清理进入猪舍的蛇、鼠和鸟等，防止被它们咬（啄）到，还需对猪场场区定期进行清理，防止它们进入猪场。如发现蛇、鼠和鸟等场外动物时，需要及时报告猪场管理人员和当地有关部门及时进行处理，猪舍一般都建在城市郊区，遇到极端天气容易造成漏电、漏水、房屋倒塌和雷暴，猪场工作人员需要仔细留意，避免被伤害到。

第三章

猪场场外引猪

俗语有"猪粮安天下,良种筑基石"。2020年,我国生猪出栏量达到5.27亿头,猪肉产量占国内畜禽(猪牛羊禽)肉总产量的53.84%。作为世界生猪生产第一大国,我国养殖总量占全球的50%以上。养猪业在我国畜牧产业中扮演着极为重要的角色,是影响我国国计民生的大事。近些年来,非洲猪瘟疫情对养猪业的危害十分严重,迫使我国猪只存栏量一度时间急剧减少。在国家稳产保供政策,大型养猪企业推广实行"公司+农户"的经营模式和养猪具有高利润的背景下涌现出许多规模养猪场,呈现出当地猪只种源不能满足供种需求的现象。为达到猪群优质、高产、高效的目的,场外引猪成了规模养猪场在生猪养殖过程中一项经常面临的工作,主要内容是将符合预期的种猪从外场引入到本场进行饲养和繁殖。本章就当前规模猪场场外引猪的政策、引猪的目的、种猪的选择、引进猪只时运输注意事项、引进种猪前隔离消毒、引种后短期饲养管理、隔离舍工作程序和引进猪只常见问题等内容进行阐述。让广大养殖户明白从场外引猪的具体流程,以及在引进猪只运输过程中注意保护猪只,引进猪的猪舍前期的消毒、短期饲养管理和对猪只到场后遇到问题的科学防范与治疗。

第三章 猪场场外引猪

一、场外引猪

(一)行政主管部门进行咨询

按照农业农村部关于规范生猪调运活动的相关要求,发生非洲猪瘟的疫区所在县的种猪要按照《重大动物疫情应急条例》和《非洲猪瘟疫情防控应急预案》规定进行处置。对于疫区外的种猪,根据《农业农村部关于切实加强生猪及其产品调运监管工作的通知》内的"疫区所在省的种猪,经实验室非洲猪瘟检测合格和检疫合格后,方可调出本省"的规定,只要种猪经实验室非洲猪瘟检测合格和依照《跨省调运乳用、种用动物产地检疫规程》经官方兽医检疫合格,就可以调运。调运过程中不得途经发生疫情省份。重量在 30 kg 及 30 kg 以下且用于育肥的商品仔猪经非洲猪瘟检测合格和检疫合格后,可在本省范围内调运。疫区所在县以外的种猪、商品仔猪经非洲猪瘟检测合格和检疫合格后,可调出本省。猪只具体检疫程序为

(1)出栏前 15 d 向当地动物卫生监督机构申报检疫。

(2)按照以下要求进行抽检:

如果调运的为种猪需要按照拟调运种猪数量的 30% 采集生猪血液样品进行非洲猪瘟检测,样品应覆盖本批次拟调运种猪所在全部圈舍,原则上不少于 10 头,调运数量不足 10 头的要全部检测。如果调运的为仔猪需要按照拟调运仔猪数量的 10% 采集生猪血液样品进行非洲猪瘟检测,样品应覆盖本批次拟调运商品仔猪所在全部圈舍,原则上不少于 10 头,调运数量不足 10 头的要全部进行检测。

(3)严格按照《生猪产地检疫规程》和《跨省调运乳用种用动物产地检疫规程》实施检疫。

(4)非洲猪瘟检测必须使用符合农业农村部规定的检测方法和试剂盒。

(5)对未经非洲猪瘟检测合格或饲喂餐厨剩余物的生猪,不得出具动物检疫证明。

调运的种猪、商品仔猪的运输车辆应符合农业农村部相关要求,配备车辆定位跟踪系统,相关信息记录保存半年以上。生猪运输车辆按照指定路线行驶,不得随意变更路线。主动接受省际间动物卫生监督检查站的监督检查,动物检疫证明应当加盖监督检查专用签章。运输途中不得无故停留,不得装(卸)载或抛弃病、死、残猪。承运人应在装载前、卸载后对车辆彻底清洗消毒。

(二)明确引猪目的

目前,我国主要以瘦肉型猪种为主,瘦肉型猪种瘦肉率高,体长。国内种猪市场上外来瘦肉型品种主要有:纯种猪、二元杂种猪及配套系猪等,引种时主要考虑本场的生产目的,即生产种猪还是商品猪,是新建场还是更新,不同的目的引进的品种、数量各不相同。生产种猪一般需引进纯种猪,如大白、长白、杜洛克,可生产销售纯种猪或生产二元杂种猪。生产商品猪,小规模养殖户可直接引进二元杂种母猪,配套杜洛克公猪或二元杂种公猪,繁殖三元或四元商品猪;大规模养猪场可同时引入纯种猪及二元母猪。纯种猪用于杂交生产二元母猪,可补充二元母猪的更新需求,避免重复引种,二元杂种猪直接用于生产商品猪。也可直接引入纯种猪进行二元杂交,二元猪群扩繁后再生产商品猪。这种模式的优点一是投资成本低,二是保证所有二元品种纯正,三是猪群整齐度高。缺点是见效慢,大批量生产周期长。

规模化猪场应结合自身的实际情况,根据种猪群更新计划,确定所需品种和数量,有选择性地购进与猪群健康状况相同的优良后备母猪,原则上一个商品猪场应选择单一的种猪场引进后备母猪,避免不同猪场发生疫病的风险。在引进猪只过程中也应充分考虑引进种猪的日龄,做到层次分明,以便于猪场设施设备的有效利用。

（三）选择种猪

新中国成立以来,我国生猪种业经历了三个典型阶段分别为地方品种选育、引进品种杂交培育和瘦肉型猪持续选育。随着2009年全国生猪遗传改良计划实施,我国遴选了105家(现为89家)国家生猪核心育种场,组建了国家种猪育种核心群,开始实施全国性种猪遗传评估。2020年,我国生猪核心育种场大白猪平均达100 kg,日龄为162.80 d,缩短5 d;达100 kg背膘厚为10.88 mm,下降0.7 mm;总产仔数达到13.0头,比2009年增长1.7头。20世纪八九十年代,由于消费市场对瘦肉的追求,部分地方资源一度陷入濒危状态。随着国家对种质资源保护的重视以及市场对特色猪肉的需求,地方资源的保护和利用得到加强,建立了62个国家级猪遗传资源保种场、保护区以及1个基因库,共有地方猪品种资源83个,其中国家级保护品种42个,省级保护品种39个。至2020年,以我国地方猪种和引进品种为素材,共培育了16个品种和14个配套系,满足了我国特色猪肉产业发展的需求。在基础研究领域,获得了一批具有自主知识产权的重要经济性状主效(因果)基因,创制了一批育种材料。如中国农业科学院相关研究团队,针对我国生猪种源问题,系统解析了猪瘦肉及肉品质相关主效基因,获得了高瘦肉率梅山猪、抗三种重大疫病猪等生物材料,并在国内率先开始了猪风味育种及恢复力育种工作。在生产性能测定技术方面,我国部分育种公司引入CT扫描技术、热成像估算技术进行性状测定;在AI技术大潮下,我国开发了猪脸识别等智能化猪只监控技术;在基因组选择方面,国内相关团队在基因组遗传评估方面也开发了基于机器学习等的育种值估计方法。虽然我国的猪育种取得了相当大的成就,但也不可否认,国内种业水平与发达国家的差距还是客观存在的。国外先进育种水平大白猪体重达到100 kg需要148 d,比我国生猪核心育种场种猪快15 d;国外先进育种水平的大白猪产仔数能达到15头,比我国生猪核心育种场种猪多2头。种猪生产水平的差距也反映出我国的种猪育种还存在一些问题。

在选择种猪过程中应从健康种猪场引种,选择的引种场养殖数量要足够的大从而便于筛选,种猪场的生产水平要高,配套服务质量要高和具有良好的信誉度。选种时要通过查阅原种猪场的谱系,至少要查阅三代的系谱档案,仔细进行观察,对该种猪的后代及种猪本身的表现做出鉴定。选择种公猪时要求四肢粗壮、精神活泼、睾丸大而对称,雄性特征明显、性情温顺等。瘦肉型种猪应在5个月龄左右体重能够达到100 kg左右,料肉比要低,每消耗2.8 kg的饲料就能够增长1 kg左右的肉。种母猪应选择体重在50 kg左右的种猪,不宜过大。种母猪品种特征要明显,面目清秀、头颈较轻、背腰平直、后驱要发达,乳头排列整齐均匀并有一定间距、最低标准是每一侧猪乳头数至少要有6对保证正常。对具有瞎乳头或者是翻转乳头的小母猪进行淘汰,种母猪要生殖健康、外阴要大且下垂,避免因阴户小阴道狭窄而影响母猪繁殖性能。此外,种母猪四肢应该健壮,肢蹄要结实,与地面所形成夹角为锐角。小种母猪应该从泌乳能力强的母猪中选择,选择在3周龄时生长速度快的小母猪。

(四)选择种猪时的注意事项

种猪场首先应选择适度规模、信誉度高、有相应资质如《种畜生产经营许可证》、有足够的供种能力且技术水平较高的场家。其次要选择健康的种猪,必要时在购种前进行采血化验,合格后再进行引种。一般建场时间短,并且种猪来源于国外的猪场疫病较少。种猪的系谱要清楚。选择售后服务较好的场家,尽量从一家猪场选购,避免从多家选购种猪,否则会增加带病的可能性。选择场家时应先进行了解或咨询,再与场家和销售人员了解情况,切忌盲目考察,以免看到一些表面现象,如看到的猪可能只是一些"模特猪"。选种时要注意公母猪的血缘关系(搞杂交除外),纯繁时与配公母猪尽量不要有血缘关系。引种数量较大时,每个品种公猪血统不少于5个,且公母比例、血缘分布适中。

选择的种猪应符合本品种特征,全身无明显缺陷,种猪肢蹄、体尺、发育、乳头评分良好;对母猪的外阴、乳头、腹线,公猪的睾丸、包皮、性欲要重点观察。值得注意的是选择母猪时,那些"体形优美"者往往繁殖力不高,最好由有多年实践经验的养猪专业人员进行选种。如选择的种猪是测定猪群的,则要选择育种值高的特级猪(可能价格也高)。选种时要心中有标准,切忌进行比较,这样容易选"花眼"。对父本的选择要严格一些。挑选的种猪必须带有耳号,并附带耳标、免疫标志牌。尽可能在隔离舍饲养引进的种猪,隔离舍必须保证干净,最好是从来没有装过猪,或者是把隔离舍彻底清洗、消毒、晾干后再进行引种。引进的种猪要有活动场所,最好是土地面,每天应进行适当的运动,保证肢蹄的健壮。

进猪前饮水器及主管道的存水应放干净,并且保证圈舍冬暖夏凉。准备一些药物及饲料,药物以抗生素为主(如痢菌净、支原净、阿莫西林、土霉素、爱乐新、氟苯尼考等),预防由于环境及运输应激引起的呼吸系统及消化系统疾病。最好从厂家购买一些全价料或预混料,保证有一周的过渡期,有条件的可准备一些青绿多汁饲料,如胡萝卜、白菜等。引种前要有卸猪台或卸猪架,或者堆一堆与车高度相同的沙土。

二、引进猪只运输的注意事项

(一)猪只运输前的注意事项

在装车运输前,可肌注长效广谱抗生素,以提高种猪的抗病能力。对表现特别不安的种猪可注射镇静剂。如为降低种猪应急可通过纹状体和间脑-垂体系统,增强中枢神经系统的抑制作用,提高生猪的抗应激能力。夏季运输时,需要准备充足的饮水,以防路途炎热猪群出现中暑现象。种猪在运输中最好用专门的运输车辆,防止车辆带病传染种猪,在装猪前12 h用消毒液对车辆及用具进行两次以上彻底消毒。车辆应配备手电、水桶等备用物品。运输方式一般有汽运、空运、铁路运输等,常见的为汽车运输。引种时要有运输经验的专业人员押车。运输前也应准备好"动物运载工具消毒证明""出县境动物检疫合格证明""五号病非疫区证明""种猪免疫卡"、种猪的系谱、发票、对方场的免疫程序、购种合同、饲料配方等,个别省、市还需要引种方畜牧部门出具的"引种证明"。

(二)猪只运输时的注意事项

长途运输时每个隔栏的猪不宜过多,根据运输车辆的车厢大小,一般都要进行适当的改装。如果车厢较大,应给予分隔成多个小栏,以每栏可放进6~8头为宜,即装车密度要适当,既要避免过度拥挤,也要防止在路途颠簸时因过于宽松而造成打滑、踩踏等情况发生。以每头猪都能躺卧为准,但也不宜太少。一则运输成本增加;二则太松反而易损伤种猪。装猪时大小猪分栏装,有爬跨行为的公猪最好使用单栏。加强各个环节从业人员的操作培训,从刚开始的生猪驱赶、过磅到装车,都要注意方式方法,尽量做到轻赶慢装、不击打、粗鲁驱赶、暴力装车等易引起生猪应激和消耗过多体力。运输中应尽量走高速公路,避免堵车、急刹车、急转弯,如中途发现异常,随时缓慢停车检查,驱使猪只站立,观察有无受压种猪。运输车辆要有专门的隔栏,防止途中挤压。车底板冬天最好装有苇帘、稻草、麸皮或锯末,夏天则可铺细沙,防止肢蹄损伤。对运输车辆等应充分清洗、彻底消毒。若需转车,应选择经过严格消毒的车辆。猪启运前,要向输出地区县级以上兽医卫生监督部门申报检疫,并获得"动物运输检疫合格证明"及"动物及其产品运载工具消毒证明"后方可运输。到达目的地后,还须向输入县的兽医卫生监督机构申报检疫合格,方可入境。种猪在运输途中一旦发现传染病或疑似传染病,应向就近的兽医卫生监督机构报告,采取紧急预防措施。途中发现的病、死种猪不得随意宰杀、出售或沿途抛弃,要在指定地点卸下,连同被污染的设备、粪便、垫料和污物等,在动物防疫人员的监督下分别按规定进行处理。

三、引进种猪前隔离消毒

种猪场应建有隔离舍,要求隔离舍距离生产区 300 m 以上,在种猪引进前 30 d(至少 7 d),应选择质量好的消毒剂对隔离栏舍及其用具进行严格消毒。种猪到场后必须在隔离舍隔离饲养 30~45 d,严格检疫,必须进行采血检测,确认没有细菌和病毒感染,并检测猪瘟、口蹄疫等抗体情况。种猪到场 1 周后,应按照本场的免疫程序接种猪瘟、口蹄疫、高致病性猪蓝耳病等各种疫苗。

做好种猪舍内温度、湿度的控制,冬季要注意防寒,温度要保持在 0 ℃ 以上并注意通风。夏季要注意防暑降温、通风,温度不高于 25 ℃。种猪在隔离饲养期间,要注意观察猪群的状态,发现异常情况及时进行诊治。种猪体况正常时,要结合引种场的免疫情况及本地疫病流行情况进行抗体监测,并按照当地免疫程序,适时进行免疫接种,并定期驱虫。如经 30 d 隔离观察无异常,彻底消毒后即可转入生产场区。

四、引进种猪后的短期饲养管理

这一阶段非常关键,主要任务是使种猪尽快适应环境及恢复体能,为完成下一步的配种任务做准备。卸车时应防止损伤种猪,卸完后不要急于将猪轰入圈舍,应让其在原地休息 30 min,用围布按大小、品种、公母缓慢轰入猪栏。一般每栏饲养 4~5 头,公猪体重在 70 kg 以上也可每栏饲养 3~4 头,但体重过大或有爬跨行为的公猪应使用单栏饲养。分栏完成后,应对猪只进行消毒,喷一些有气味的药物(如来苏尔、空气清洁剂),并有专人看护12 h以上,防止猪只打斗。

到场后12 h内不给种猪饲喂饲料,只提供清洁充足的饮水,饮水中最好加一些电解质、多维或饲喂青绿饲料。饲喂饲料要逐渐加量,3~5 d后恢复正常喂量,并且在饲料中加一些抗生素(如支原净、阿莫西林),冬春季节更为重要,要连续投药10 d左右。个别生病猪要及时进行治疗。种猪的饲料应依据体重、品种饲喂各阶段的种猪料,不能喂育肥猪料或妊娠母猪料。体重达90 kg以上的要限制饲喂,并且在饲料中加入一些青绿饲料(如胡萝卜、苜蓿草粉)。要保证每头种猪每天2 h的自由运动时间(赶到运动场),提高其体质,促进发情。夏季引入的后备母猪可在饲料中加适量的维生素C、小苏打,防止热应激。适应期(7~15 d)过后,应先对种猪进行驱虫,并按免疫程序进行免疫接种(必要时做抗体水平监测)。

如引进仔猪,则可以通过饲养管理使仔猪养成良好的生活习惯,通过人工引导使仔猪在圈舍内吃食、拉粪和睡觉区域分明。仔猪在喂料过程中要多次投料,每次投料要少,但每头猪要能保证吃饱。仔猪圈舍内靠近食槽一侧区域的可以划分为仔猪睡觉区域,在饮水器一侧区域则可以划分为排粪便的区域。具体引导方式为猪只在排粪便的区域内排下的粪便暂不打扫,引诱猪只继续到此排便,而猪只在其他区域内排的粪便则可以及时清理掉,经过10 d左右就可以对仔猪逐步建立起定点排便和睡觉的条件反射。

五、隔离舍工作程序

(一)检查隔离舍

引种是猪场生产能够持续进行的保证,但也是本场猪群健康的最大威胁,因此引进的种猪在隔离舍的隔离工作就显得至关重要。如果没有隔离,将健康的后备公猪和母猪直接饲养在一个病原活跃的猪群中或携带病原的后备公猪和母猪中,那就会出现严重的问题,故需要制定隔离舍的工作程序。工作程序如下:进舍后先检查空气环境是否适合猪只生长;喂料过程中先将料槽清理干净,然后加入适量饲料,保证猪只随时都能吃到新鲜的饲料;检查饮水系统尤为重要,如有损坏应及时修理;清扫畜栏内的粪便,确保猪体清洁干净,每天清粪至少两次;粪沟内不许存有粪便,但要注意节约用水;打扫窗户及畜栏上的灰尘,保持环境清洁;检查猪只状况,对病猪进行有效的药物治疗,病情严重的应单圈饲养,以便观察、治疗;注意猪舍温度,应保持最适合猪只的温度;观察和刺激发情,利用公猪诱情;做好母猪发情情况、猪群疾病及治疗情况的记录以及饲料、药品的耗用情况和免疫情况记录等,其他如温度、修理等,如有要求也应记录,每天下班后,将记录送往微机室,进行数据处理。

(二)适应猪场

在两个月的隔离适应期中,除通过免疫、添加药物来使猪只适应外,还应在主管领导的指导下,完成与原场猪的接触。具体操作为:与原场猪猪粪、猪胎衣逐渐接触,种猪引入前应将隔离舍清洗、消毒、干燥并空置 2 d 以上。采食量会由很少逐渐增至正常,头 3 天应在饲料或水中加入抗生素,每周要多次对猪舍进行环境消毒。所有的后备母猪和公猪,在入场 8 周(2 周隔离期,6 周适应期)后,方可配种或采精,特殊情况下,也至少需要 3 周。

隔离舍要采取全进全出方式,设施要彻底冲洗、消毒,并保持干燥。隔离舍距原有猪群至少要 100 m,距离远可减少经空气传播潜在病原的感染机会。特殊情况下,如果无法完全隔离,应将引进的种猪放在经高压冲洗、消毒、空置过并尽可能远离原有猪群的猪栏内。隔离适应设施要防鸟、防鼠、要有加药器。

（三）注重动物福利

猪和人类一样是有感知、有情感的，也会感到恐惧和痛苦。注重动物福利不意味着我们不敢利用动物，而是我们应该如何人道地和合理地利用动物。为人类发展做出贡献的和牺牲的动物，我们应当保证其基本的权利，如拥有适宜的生存空间，在运输过程中要减少他们的痛苦，实验研究过程中避免一些无谓的牺牲。动物福利是为了保证猪只快乐健康生存而采取的行为，如果猪的动物福利无法满足，猪极容易表现出一些异常行为。猪的异常行为可以通过多种途径表现出来，比如咬尾、采食、排泄和啃咬栏杆等。研究表明，猪的咬尾行为与密闭在有限空间内进行采食和饮水有关，因为猪的正常行为比如拱土、轻咬和咀嚼在有限空间内不能进行，所以猪会发生咬尾行为。要使猪只有足够的生存空间，3~4个月的猪只平均每只活动面积应为 0.5~0.6 m²。目前，猪的出生断尾是猪避免相互咬尾的最有效途径。相关研究数据表明，断尾后咬尾比未断尾咬尾发生率降低 27 倍，断尾一般在仔猪出生 1~2 d 时进行，被咬的仔猪可以使用 0.1% 高锰酸钾冲洗伤口后涂抹一些碘酒或紫药水，以免受伤部位化脓。

六、引进猪只到场后常见的两大问题

（一）跛脚

跛脚是引进猪只常见的疾病之一，跛脚病猪一般具有以下一些表现：如不愿站立，站立时较为吃力，站立时表现为疼痛难忍状态；没法站立，甚至站不起来；没继发感染时采食量正常，体温不高等。如果不及时进行治疗或采用的治疗方案不佳，极易导致跛脚猪瘫痪而被淘汰。跛脚形成原因有创伤、肌肉疼痛、扭伤和关节炎。对待跛脚可使用的处理办法为在猪只跛脚后要尽量保持猪只饲养栏干燥；组织工人及时将猪舍内猪只排下的粪便清理掉，对猪只进行定点调教排便，选择在天气晴朗、气温较高的时候进行冲刷猪栏；对有创伤的猪只进行分类，创伤较轻者可使用甲紫涂抹消毒每日涂抹1~2次，对创伤较深有明显发炎症状，如蹄叶炎或蹄冠炎的猪只使用抗生素每日涂抹2~3次，关节明显肿胀并伴热的猪只前几次可使用青霉素和地塞米松对伤口进行封闭，后期切开脓肿部位进行排脓并清洗干净创伤口后进行给药。给药方案为前期多种抗生素联合使用，如将青霉素、氨基比林和地塞米松混合使用几次，后期只给使用青霉素直到恢复正常。

（二）呕吐

呕吐是指胃内物不由自主经口鼻流出的病理现象，猪呕吐是引进猪只会经常遇到的情况，不论大小猪均可发生。有的短时间可自愈，有的很难治愈，吃了吐、吐了再吃，反复呕吐，逐渐消瘦甚至衰竭死亡。如何正确诊治呕吐类疾病是广大养猪户经常面临的一个难题，可根据猪只呕吐次数、呕吐物的数量和性状来帮助诊断。一次性呕吐出大量胃内容物，以后不再呕吐，常见于食入过多；采食后立即反复呕吐，直至胃内物吐完为止，说明胃黏膜不断受到胃内物刺激，见于胃肠炎、胃溃疡、胃内异物；顽固性呕吐，即使胃内物排空还呕吐出黏液，说明呕吐中枢持续兴奋，见于中枢神经严重疾病及胃、十二指肠、胰腺等顽固性疾病。呕吐物混有血液见于胃出血，混有胆汁见于十二指肠阻塞，混有粪便见于大肠阻塞。引进猪只发生呕吐时要进行隔离，猪只发生呕吐时可先给猪只饲喂颗粒料或者是湿拌料，在猪只日常所食用的饲料中增加粗纤维如麸皮和青饲料，在饲料中也可添加 $NaHCO_3$、人工盐、维生素和青霉素进行饲喂。

第四章

仔猪饲养管理

在整个生猪养殖过程中一个非常关键的阶段就是仔猪阶段。仔猪生长阶段是指仔猪出生至断乳阶段,即3~5周龄。此阶段的饲养管理中能够提高生猪养殖经济效益的关键是降低仔猪的死亡率,提高仔猪的机体健康状况和生产性能。仔猪在哺乳期处于生命早期,外界环境的不良影响很容易使仔猪生病,饲养管理的不善更会导致仔猪死亡。在仔猪的饲养管理环节中一般可以通过在母猪分娩前着手,即做好母猪产前的分娩准备工作,母猪的分娩过程一定要安排周全,仔猪的哺乳需及时被落实,并做好仔猪断奶及减少断奶带来的应激。与此同时,还需注意的是在仔猪的养殖期间做好仔猪教槽,为仔猪的生长发育打下良好基础。由此看来,仔猪饲养管理的加强,在提高仔猪成活率以及增加养猪效益方面尤为重要。本章就仔猪饲养管理目标,仔猪的生长特性,仔猪的营养需求,仔猪饲养管理和仔猪早期断奶应激综合征等内容进行阐述。

一、饲养管理目标

仔猪阶段的饲养成效对于后续保育及育肥阶段生产性能乃至经济效益的提高具有举足轻重的作用,仔猪生产性能一般可通过做好初乳的及时饲喂、优质饲料的补充供给以及合理控制饲养环境等饲养管理措施被充分发挥出来,最终达到提高仔猪断奶时的重量,推动生猪养殖产业的科学发展是仔猪饲养管理的终极目标。

二、仔猪的消化、生理特性

生理上不成熟以及生长发育快是哺乳仔猪的主要特点,而饲养管理不当,极易造成难以饲养和成活率低的问题。故了解仔猪的生理、消化以及营养特点,便于更好地掌握仔猪断奶过渡和开口教槽。

(一)生长发育快、代谢机能旺盛、利用养分能力强

仔猪初生体重较小,仅占成年体重的1%左右,但出生后生长发育很快。一般初生体重为1 kg左右,10日龄时体重就可达出生重的2倍以上,30日龄达出生重的5~6倍以上,60日龄达出生重的10~13倍以上。

仔猪之所以生长迅速,是因为其物质代谢旺盛,尤其是蛋白质、钙、磷代谢要比成年猪高很多。一般在出生后20日龄时,每千克体重所沉积的蛋白质相当于成年猪沉积蛋白质的30~35倍。故仔猪对营养物质的需要,无论在数量和质量上都比较高,特别是对营养不全的饲料反应极其敏感。因此,保证仔猪各种营养物质的供应对仔猪的饲养尤为重要。其中,母乳对仔猪的营养价值是大多数饲料所无法替代的,而母乳的质量和数量,可直接决定仔猪的生长速度。仔猪胃底腺不发达,胃液分泌少而不稳定。仔猪分泌盐酸能力较差,胃内pH≥4。仔猪8~10周龄才能达到成年猪胃内pH≤3.5的水平。

(二)仔猪消化器官不发达、容积小、机能不完善

仔猪初生时,消化器官虽然已经形成,但其重量和容积都比较

小。详见表1、表2。

表1　仔猪出生和3周龄的胃重、胃容积与肠容积

	胃重（g）	胃容积（mL）	小肠容积	大肠容积
出生	8	30~40	—	—
3周龄	35	100~150	50~60倍	40~50倍
	4.4倍	3.8倍		

表2　食物进入胃内排空的速度

日龄	胃排空时间
15日龄	1.5 h
30日龄	3~5 h
60日龄	16~19 h

仔猪腹泻是影响仔猪生长发育的一种重要疾病。因为日粮通过消化道的速度较快，造成日粮中的蛋白质、脂肪以及其他的营养素没有充足的时间被消化吸收，而未被消化吸收的营养素会在肠道内发酵、产酸并被有害菌利用，最终造成一系列应激症状，即断奶后临床综合征，大大降低了养殖场的养殖效益。目前可通过一些成熟的技术和产品来降低肠道的蠕动速度，提高日粮的消化吸收率，最终降低仔猪腹泻的发生。

（三）缺乏先天免疫力，容易得病

仔猪出生时没有先天免疫力或免疫能力低与一些方面的发育特点有关，因为免疫抗体是一种大分子 γ 球蛋白，再加之胚胎期由于母体血管与胎儿脐带血管之间被6~7层组织隔开，限制了母源抗体通过血液转移给胎儿。故仔猪出生时没有先天免疫力，自身也不能够产生抗体，只有吃到初乳后，通过初乳把母体的抗体传递给仔猪，再过渡到自身产生抗体，从而获得免疫力。

哺乳仔猪在6周龄之前主要靠母源抗体保护而免受病原的攻

击。初乳中的母源抗体含量一般在第一头乳猪出生后的 24 h 内急速下降,前 6 h 最高,之后明显降低。若乳猪获得的母源抗体不足,在 3~5 周龄时其免疫力则处于十分低下的阶段,而这正是断奶应激时期。因此看来,让乳猪获得足够的母源抗体保护显得极其重要。

(四)调节体温的能力差,怕冷

仔猪出生时大脑皮层发育不够健全,通过神经系统调节体温的能力较弱。再加之仔猪体内能源即褐色脂肪的贮存很少,遇到寒冷,血糖会很快降低。仔猪正常体温约 39℃,刚出生时所需要的环境温度为 35℃ 左右,当环境温度偏低时仔猪体温开始下降,下降到一定范围开始回升。仔猪出生后体温下降的幅度及恢复所用时间一般因环境温度的变化而变化,环境温度越低则体温下降幅度越大,恢复所用的时间则越长。

研究显示,出生仔猪如处于 13~24℃ 的环境中,体温在生后第一小时可降 1.7~7.2℃,尤其在 20 min 内。仔猪体温下降的幅度与仔猪体重大小和环境温度有关。吃上初乳的健壮仔猪,在 18~24℃ 的环境中,约 2 d 后可恢复到正常。

三、仔猪的营养特性

仔猪对单位体重所需养分高,且对日粮营养物质质量要求高。仔猪 60 日龄的体重一般可达到初生重的 15.7 倍。钙、磷代谢相当旺盛,每千克增重需 7~9 g 钙和 4~5 g 磷。

(一)蛋白质和氨基酸的营养特点

在饲料配比中,蛋白水平不是越高越好,而是要看优质蛋白饲料用量和豆粕的质量,以及饲料配方搭配的整体合理性。恰当的蛋白水平及其组成对仔猪生长和健康十分重要。在仔猪出生后的前几天中,血液中尿素氮含量高,可以得出这期间体内氨基酸分解代谢旺盛。而大量研究证实,乳糖能提高血液制品在仔猪日粮中的使用效果,另外,乳糖在肠道中发酵产生的乳酸能降低肠道中的pH值,使病原微生物的繁殖得到抑制并能促进钙、磷、锰、铁等元素在肠道的吸收。而母乳及其他乳制品在断奶后对仔猪尤其是早期断奶仔猪的肠道形态、消化酶活性及其他功能发育的影响最小。

近些年来,众多研究还证明,母乳中含有众多生长因子、激素和其他生物活性物质,它们在哺乳期及断奶后在仔猪胃肠道中比较稳定,且不易被消化,甚至部分能被完整吸收进入血液循环而作用于外周器官,且口服这些外源性生长因子能刺激幼畜胃肠道的成熟,见表3、表4。

表3 日粮蛋白质水平对仔猪生产性能的影响

指标	日粮蛋白质水平(%)			
	22.4	20.4	18.4	16.9
ADG(g)	642	661	690	663
ADFI(g)	959	1 039	1 061	1 048
Feed/gain	1.50	1.58	1.54	1.58

表4 仔猪排粪情况表

指标	各种粪便所占比例(%)			
硬粪	81.9	82.0	95.4	89.0
软粪	14.7	14.5	4.1	9.0
液体状粪	3.4	3.5	0.5	2.0
排泄氮(g/d)	10.7	9.4	6.8	5.1
沉积氮(g/d)	17.8	17.7	18.5	15.6
饮水量(g/d)	1 941	1 887	1 867	1 645
排尿量(g/d)	757	643	625	481

(二)能量营养特点

能量是影响早期断奶仔猪生长性能的关键要素。

免疫状态与能量代谢的相互关系：一方面,免疫状态影响能量代谢；另一方面,饲粮能量也反馈影响免疫机能。饲粮能量水平影响着免疫细胞功能。能量来源一般有以下几种形式。

1. 淀粉

大量研究表明,早期断奶使大部分胰酶活性降低,至少 2~4 周后才恢复到或超过断奶前水平。断奶日龄越早,该酶活性恢复与上升的时间就越迟。早期断奶仔猪对淀粉的利用率较低,在配制仔猪开口教槽料和断奶过渡料时,要做多方面的考虑,以提高消化吸收率为主导。

2. 乳糖、葡萄糖和蔗糖

葡萄糖是最易被猪吸收的单糖。尽管早期断奶降低了仔猪体内蔗糖酶活性和对葡萄糖的吸收,但这两种糖类依然是易于利用的能源,而且还提高了饲料的适口性。

3. 脂肪

脂肪是含能量最高的能源物质,饲粮中添加脂肪以提高能量浓度。然而由于早期断奶使仔猪脂肪酶活力下降,胆汁分泌减少,使乳化作用减弱,脂蛋白酶活性降低,导致脂肪的消化、吸收和转运能力都大大降低,最终导致早期断奶仔猪不能很好地利用脂肪。

四、仔猪的管理

(一) 接产

怀孕母猪在预产期的前 7 d 左右转入生产栏内。乳房膨大下垂是母猪临产前的最明显特征,一般在待产前 4~6 h 可挤出奶水。母猪一般在羊水破后的 0.5 h 左右产仔。可用 0.1% 高锰酸钾溶液对母猪的臀部、外阴和乳房擦洗干净以完成消毒。在仔猪出生后,接产员应迅速使用消毒好的干毛巾将仔猪口、鼻内的污物以及体表快速擦干以保持仔猪的体温。

仔猪娩出后,若脐带没有自行断开或是留得太长,都应及时人工断脐带。一般采用结扎法或捏压法来处理脐带。

结扎法:用消过毒的结扎线距腹部 2~3 cm 处结扎,用消过毒并且锋利的剪刀在结扎线绳之下 1 cm 处剪断脐带,然后在脐带断裂处涂碘酊。

捏压法:用力捏住脐带根部确保脐带不会出血后,用消过毒并且锋利的剪刀在距腹部 3~5 cm 处剪断,并在断裂处涂碘酊。

(二)剪犬齿、断尾

在仔猪出生后 24 h 内,需要剪去 8 颗乳牙并断尾。因初生仔猪犬齿极易咬伤母猪乳头或同伴,故将其剪掉。仔猪出生后 12~24 h,用剪牙钳夹住一对牙齿并使之与上下颚齐平,剪牙要快而有力,剪去后牙齿与牙床齐平。注意不要伤到牙床、舌头和嘴中的任何部分。用手指摸一下剪牙部位,以确保没有残留的尖锐牙齿碎片。

断尾为的是预防仔猪断乳、生长或育肥阶段的咬尾现象,一般用消毒过的剪尾钳在距尾根 1/3 处剪断尾巴。

(三)仔猪初乳的饲喂工作

初乳一般是指在母猪分娩出仔猪后的前 7 d 左右所分泌的淡黄色乳汁,在这个阶段所分泌的初乳中含有整个泌乳周期含量最丰富的蛋白质,更重要的是丰富的免疫球蛋白及维生素也存在于初乳中,其中仔猪的机体免疫能力因为吸收到的免疫球蛋白而得到有效提高。母猪初乳中丰富的乳酸对仔猪肠道的蠕动及仔猪消化系统的生长发育也有很好的促进作用。乳酸对改善仔猪早期消化系统功能的成熟及增加仔猪的机体产热能力有很大功效。总而言之,初乳的及时充足供给,对提高仔猪的抗病能力以及成活率方面有良好的作用。

初乳对仔猪的生长发育如此重要,那么仔猪出生后能否及时吃到初乳就是仔猪饲喂工作中非常重要的环节,这对于仔猪机体健康状况的提高具有非常关键的作用。一般情况,仔猪在出生后 0.5 h

内需要立即采食到初乳,保证每头仔猪采食到 50 mL 以上的初乳。尤其需要关注的是体况较弱的仔猪的采食情况,饲养管理人员需要通过手动调整的方式保障其采食到初乳。在仔猪早期哺乳环节中有一项重要的工作就是需要对母猪的乳头做固定。乳头被有效固定后可以有效避免仔猪争抢乳头,从而有效避免弱小仔猪死亡情况的发生。在实际养殖生产中,一般是体况较弱的仔猪被放置到母猪腹部中前部的乳头吸吮乳汁,而体重较大的仔猪被放置在母猪腹部偏后的乳头采食乳汁,这样的饲养管理有利于保育阶段中的饲养管理和分群工作。

(四)补铁、补硒

仔猪在出生时肝脏中仅有 50 mg 的铁,而仔猪每天生存大概需要 9 mg 的铁,单凭母乳每天只能提供 1 mg 的铁,其中缺失的部分只能靠肝脏中贮存的铁。如果不能给仔猪及时补充到铁剂,仔猪缺铁的症状将在出生后 8 d 左右出现,临床上一般表现出可视黏膜及皮肤苍白,甚至生长缓慢。故一般建议在仔猪出生后 24 h 内进行第一次补铁,注射补铁剂如富来血或铁血龙,以 2 mL/头的用量为宜,弱小猪需要在 10 日龄进行第二次补铁。因仔猪大腿内侧肌肉层厚,吸收比较好,故一般被建议为补铁的最佳注射部位。与此同时需要注意的是氟苯尼考、土霉素、多西环素等抗生素的使用会影响到铁剂的吸收,补铁期间最好不要使用。建议同步使用维生素 C 来促进机体对铁的吸收和利用。此操作可有效预防哺乳仔猪缺铁性贫血的发生。

仔猪除了需要补铁,在严重缺硒地区还需要补硒。因仔猪缺硒会发生缺硒性下痢、肝脏坏死甚至白肌病。故在缺硒地区必须重视仔猪补硒,建议于仔猪生后 3 d 内以 0.5 mL/头的剂量注射 0.1% 的亚硒酸钠、维生素 E 合剂,10 日龄再补第二针。

(五)假死仔猪救助

若发现产出的仔猪呼吸微弱,但心跳并没有停止,可以用手捏住脐带根部,能感觉到脐带搏动,则说明是假死仔猪。

救助方法:迅速将仔猪口鼻的黏液擦干净,倒提仔猪后腿,促使黏液从口腔排出,同时拍打仔猪背部,刺激其苏醒。或一手托住仔猪的肩部,另一手托着仔猪的臀部,使仔猪的四肢朝上,然后一屈一伸反复进行,直到仔猪发出叫声为止,也可以在仔猪鼻子上喷涂酒精等刺激性物质刺激其苏醒。

(六)教槽

出生后 2 周内仔猪教槽料累计采食量仅 20~30 g,21 日龄断奶,累积采食量为 150 g/头左右,21 日龄断奶后至 30 日龄,采食量为 350~600 g/头(一般为断奶前累积采食量的 3.0~3.5 倍,主要由于断奶影响,是否对仔猪进行教槽训练,在此差异很大,反应在断奶后仔猪的日采食量),料肉比为 1:(1.15~1.18)。断奶前采食足够的教槽料,约 150~250 g/头(21~23 日龄断奶),对缓解断奶应激有益。

从另外的角度思考教槽,如果断奶前采食量达不到材料上介绍的 500~600 g/头,就产生不了足够的免疫耐受。这样在做仔猪教槽时,可以在哺乳期仔猪日粮的配制上,最大限度降低日粮的抗原性,使哺乳期仔猪产生免疫耐受的阶段推迟到断奶后,甚至断奶过渡阶段之后,可有效避免教槽阶段的压力,生产程序和管理模式可以做出更好的选择。

教槽还可能引起一过性的营养性腹泻,通过技术上的处理,如适量药物的添加、添加消化吸收率高的蛋白质或能量原料、对日粮做重酸化等。教料的模式和程序要做细致的规划。健康对整个猪群来说是首要的,尤其是断奶前后的仔猪阶段,试验和生产中,把断奶当日至换料结束阶段确定为过渡阶段(如 21 日龄断奶,断奶后 7~10 d 换料,经过 3~5 d 的换料进入保育阶段,一般过渡阶段为 10~15 d)。仔猪的"开口教槽—断奶—断奶过渡"模式,是一个科学合理的断奶模式,无论是饲养管理,还是提高生产效率和经济效益,都是必不可少的。系统化模式程序的实施,饲养管理流程的完整运转,都需要一个健康的猪群。相关模式程序和流程,也是出于培育健康猪群的考虑,健康是整个猪群的核心。

仔猪开口教槽一般采取以下步骤:

(1)仔猪出生后 3~5 日龄,将开口料撒入诱食槽,在此需注意投放少量的开口料,但撒入食槽的面积要占到食槽面积的 2/3。

(2)投放的开口料仅作为训练诱食,每次投料前将上次的剩料清给母猪,保持仔猪的料为新鲜料。

(3)经过 7~10 d 的诱食即拱料训练,大部分的仔猪在 11~15 日龄基本可采食。此时仔猪的采食量很小,大概在 5~7 g/d。在饲喂时一定要循序渐进,投喂教槽料的量要根据各栏仔猪日龄增长及采食干料的能力逐渐由少到多投放。

原则是少喂勤添,保持良好的适口性和新鲜度。每天定时清槽 2~3 次,上下午各一次(通常在母猪喂料后进行),清槽后换上新鲜的教槽料。

(七)断奶缓冲过渡

考虑仔猪断奶后各营养素的需要、消化吸收效果以及最大限度地降低断奶后弱僵猪的数量等因素,一般采用营养全价、易消化的哺乳仔猪料,仔猪从 21 d 断奶至 35 d 或 25~28 d 断奶当天至 42 d 使用。因此,为仔猪提供全面、优质、特殊的日粮,如严格维生素和微量元素的添加,严格的饲养管理和周密的防治措施,是为其后期的健康、快速生长打下坚实的基础。

(八)寄养

尽可能把仔猪留在生母猪的窝中,如果做不到,就尽可能把仔猪留在提供初乳的母猪窝中,不要为了追求均匀的仔猪体重或相同的仔猪性别而进行交叉寄养。如需寄养必须遵循以下原则:

(1)寄养只在本单元内进行,不要跨单元寄养。

(2)要吃足生母初乳 6 h 后的 24 h 以内寄养。

(3)患病仔猪不能寄养到健康猪群。

(4)寄养在日龄相近的仔猪窝中。

(5)7~10日龄弱仔猪集中用1~2头奶水好的仔猪已大的母猪带养(该母猪仔猪用一个断奶母猪带养),可以挽救弱仔猪,提高断奶猪整齐度,这是迫不得已的寄养。

(6)做好仔猪寄入、寄出记录。

(九)去势

去势是指在小猪3~5日龄时使用手术方法摘除雄性小猪的睾丸。操作时使睾丸皮肤绷紧,切开皮肤和鞘膜,切口大小以刚好将睾丸挤出为宜,紧紧抓住睾丸向外拉出,将精索和血管切断。

(十)淘汰严重患病、垂死的仔猪

(1)断奶时把体重小于3.5 kg、很难在断奶后存活的仔猪以及体况极差的仔猪淘汰。

(2)患病仔猪如果治疗之后仍不见效,就立即淘汰。

(3)特别瘦弱的、快饿死的、瘸腿的、体重特别轻的、被毛特别长的、患慢性病的仔猪,一经发现立即淘汰。

(十一)仔猪的保健管理

生猪从出生到断奶阶段是最容易感染疾病的。肮脏的分娩舍中存在很多容易繁殖的细菌,以及母猪身上带有的隐性病原体,来自两方面的病原菌都极易把疾病传染给仔猪。但是新生仔猪没有任何的免疫力,免疫力主要靠从初乳中吸收免疫球蛋白获取。从初乳中获得的被动免疫水平在7日龄会达到高峰,在随后的3周内很快下降,仔猪自身免疫能力也在不断提高,但直到5~6周才开始作用,7周以后趋于完善。这种循环的抗体水平会被早期断奶仔猪应激大幅度降低,最终造成免疫能力被抑制。而断奶后9~17日龄的仔猪刚好是一生中免疫水平最低的时候,此时的仔猪对外界病原菌的抵抗力是最差的。而在实际养殖过程中应该尽可能保证每一个仔猪都能够及时吃到初乳,以达到仔猪免疫力的大幅度增强,让仔猪免受外来病原菌的感染。仔猪4周龄时才开始建立自己的免疫系统,才能产生大量的免疫球蛋白的(IgA)。初乳中的免疫球蛋白能防止细菌和病毒及病原体在黏性细胞上黏着,抑制大肠杆菌生长,并阻止其在肠细胞上黏着,并中和细菌产生的热不稳定毒素。在实际饲养管理过程中,在饲料中适量添加维生素E不仅能预防仔猪维生素E的缺乏,还能增强其机体的免疫能力。小猪断奶后对固体饲料采食量较低,从而血浆中生育酚含量也明显降低。而在这一关键时期缺乏维生素E会破坏免疫系统,降低机体对病原体的抵抗力。一般情况下高出5~22倍的维生素E水平可在很大程度上提高仔猪的免疫力。当仔猪母源抗体渐渐消失,而注射的疫苗还没有产生效果的时候,此时仔猪最容易得病。所以,做好乳猪的药物预防保健工作,对提高仔猪的成活率和生长速度都非常重要。相关试验证明用"得米先"长效注射液是这一阶段仔猪药物预防保健工作最有效的措施。在乳猪1~4日龄、8~10日龄和22日龄时,在其大腿内侧皮下,每头仔猪各注射0.6 mL"得米先",不仅可以有效阻断分娩舍细菌与母猪身上的细菌传染给仔猪,还可提高仔猪的生长速度,改善料肉比,当仔猪养到67 d的时候,注射过3针"得米先"的仔猪比没有使用过"得米先"的仔猪生长速度快,带来投入产出比可以达到1:10,这样就带来花1元钱可以收入10元钱的经济效益。注射"得米先"不仅能为养殖场带来超高的经济效益,而且能使仔猪抗病率、成活率有明显的提高,对生产指标也有很大的改善作用,比如说生长发育整齐度好、增重大等。一般情况下,仔猪注射3针保健效果非常明显。

五、仔猪早期断奶应激综合征

现代养猪生产中,增进仔猪健康和福利对生产经营者至关重要。而早期断奶综合征是指仔猪早期断奶时在心理、环境及营养应激作用下,出现腹泻、生长迟滞等现象。因此,提高断奶仔猪免疫机能以及改善其健康状况必然会促进养猪生产水平的进一步提高。

（一）仔猪的断奶应激

仔猪断奶后会由哺乳圈转入断奶圈，有时还会将不同窝的仔猪进行混群饲养，这样就会导致仔猪所处的环境发生很大变化，再加上仔猪的摄入由液态的母乳变成不同的固体饲料，这也会造成仔猪严重的应激。这种应激不仅会造成仔猪严重的营养不良，仔猪的神经内分泌系统也会受到很大的影响，所有这些影响共同构成仔猪腹泻的应激源。所有的单一因素和复合因素都会造成仔猪发病，这使得仔猪腹泻的发病机理非常复杂，而在所有的应激源之中，营养应激是最主要的。众多研究显示，断奶仔猪腹泻的原发性因素不单单是大肠杆菌，而是由应激造成的肠道损伤，从而导致胃肠酶活性及吸收能力下降，最终造成食物以腹泻的形式被排出。有研究调查了4个猪场的6 394头28～35日龄断奶仔猪，其中断奶应激的发病率为54%～80%，而断奶后两个月的死亡率为11%～15%，造成死亡的最重要的原因是非感染性腹泻，即老生常谈的断奶应激腹泻综合征。

仔猪断奶应激腹泻综合征在仔猪的饲养管理中占非常重要的位置，而仔猪断奶应激性腹泻的机理一般有以下阐述：其中过强应激源通过"下丘脑—垂体—肾上腺轴"系统增加糖皮质激素和促肾上腺皮质释放激素的分泌，其中糖皮质激素是机体非特异性免疫力的主要组成分，而生理浓度的糖皮质激素是维持胃黏膜正常功能最重要的一种激素，此激素在增加胃酸、胰液和其他消化液、消化酶的分泌中起着很重要的作用，更重要的是在增进食欲和消化功能方面有很大的促进作用。在所有的应激中最具特征性的应激是急性胃溃疡、十二指肠溃疡或出血性黏膜糜烂所引起的应激，而表皮出现出血点，组织发生充血及水肿，浅表层出现糜烂、坏死甚至形成溃疡是急性胃黏膜病变。另一系统是刺激源通过刺激"交感—肾上腺髓质"系统提高了肾上腺髓质的分泌量，从而增加了肾上腺素和去甲肾上腺素的分泌。而"交感—肾上腺髓质"系统几乎对全身小动脉都有刺激作用，最终会造成胃肠血管的收缩。

（二）应对仔猪断奶应激的措施

1. 提前补饲及大量补饲

如果在断奶前能够采食大量的补料，一般情况下免疫系统就会产生免疫耐受力，那么仔猪在断奶后就不会出现对日粮蛋白的过敏反应。尤其是对于 5~6 周龄前断奶的仔猪，高品质的补饲效果是相当明显的。所谓高品质的补饲，通常是指适口性好并且抗原性小的饲料。相关研究表明，断奶前每头猪至少需采食 500~600 g 补料才能使消化系统产生足够的耐受性反应以降低断奶应激。

2. 蛋白质是日粮的主要抗原物质

增加蛋白质的消化性或降低蛋白质水平可减少肠道免疫反应，缓解断奶腹泻。众所周知，肠道损伤其实是免疫反应，不是微生物感染所致，减少蛋白质摄入量就可以降低抗原刺激的影响，以预防断奶应激的发生。但与此同时其也会造成仔猪增重变慢，故减少蛋白质摄入量是没有办法的办法。

（三）做好仔猪教槽

在 4~6 日龄开始使用教槽料的仔猪采食量很低，此时的食量没有多少营养意义，但从另一角度看，其对消化道的生理作用却是一个特殊的锻炼。如果仔猪能早早被饲喂高质量的教槽料，再加之有效的采食，仔猪就可以产生很好的免疫耐受性，最终降低仔猪因断奶对日粮抗原产生的免疫反应，相关疾病也就能得到有效控制，体重增长也得到提高。

（四）从维持肠道结构、代谢和功能正常的角度控制营养性应激

肠道及肠道形态在仔猪早期断奶中受影响最大，与此同时，肠道的功能以及结构均会发生很大的变化，因此维持肠道形态结构和功能的正常运行是控制早期断奶仔猪应激的重要途径，因为其在饲料的消化、吸收、代谢，尤其是饲料中的氨基酸的分解、合成代谢中

起着非常重要的作用。

(五) 添加抗生素,增强仔猪体质

在补料和开食料中添加抗生素,不仅可以使仔猪对抗原刺激的耐受性增强,而且可以使病原微生物的增殖得到抑制。

六、仔猪早期死亡及其原因和解决措施

(一) 仔猪早期死亡包括胚胎死亡、围产期胎儿死亡及乳猪死亡

胚胎死亡主要出现在附植初期、器官分化期、胎盘停止生长期这三个时期。此时胚胎很容易死亡并随即被子宫壁吸收。如果残留的胚胎数不超过5个,妊娠就会被终止,母猪会重新发情。50 d以后死亡的胚胎无法被重新吸收,则会形成"木乃伊"或者出现流产。

围产期胎儿死亡一般是指在产出过程中或者在产后1 h内所发生的死亡,以死仔、"木乃伊"或死胎最为常见。围产期胎儿死亡率约占仔猪早期死亡的20%。

乳猪死亡是指从出生到哺乳期结束期间死亡的仔猪。乳猪死亡存在三个高发期:于7日龄内死亡的占55%~65%;于20日龄左右死亡;断奶前后死亡。当下,在猪场养殖过程中哺乳期仔猪死亡率为45%~65%,是制约猪场经济效益提升的最大隐患。

(二) 死亡原因

将仔猪早期死亡的众多原因大致可归纳为传染性及非传染性两个方面。

1. 传染性因素

主要指传染性疾病,包括细菌性、病毒性、繁殖障碍、寄生虫病等。

2. 非传染性因素

不科学的生产管理;环境的剧烈变化;不健康的种猪体况;某些

营养物质严重缺乏和过剩;营养不平衡;药物使用不当;妊娠期延长,使胎儿在子宫内拥挤扯断脐带而死亡;产期过长,接产、难产操作不当;外伤、应激等。

(三)降低死亡率的措施

1. 减少产前死亡

母猪排出的正常卵子一般在妊娠期 30 d 内有 30% 以上死于胚胎期,有 20% 死于围产期,它们是仔猪最大的潜在损失。饲养管理者可提高饲养管理水平,规范疫苗免疫程序及用药习惯,达到提高胚胎质量,减少产前死亡数量的目的。

2. 提高母猪的护理水平

饲养管理者可以通过改善母猪饲养环境并结合饲料的科学搭配,提高饲养管理水平以降低乳猪死亡率,通过对母猪的科学饲喂使母猪获得良好的体况。一般建议对妊娠母猪采取纤维含量适中的日粮,而对于哺乳母猪应采用营养价值优质全面的饲料,以保证母猪母乳的优质供给。还可以通过增加哺乳期母猪的采食量来提高泌乳力,从而减少疾病的发生。

3. 加强新生仔猪管理

通过科学规范的程序进行接产,并且尽早使仔猪吃上足量的初乳,从而避免仔猪假死现象的发生。与此同时,对初生仔猪进行及时的补铁、正确寄养及早期诱食,均是降低新生仔猪死亡的重要措施。

综上所述,哺乳仔猪生理特点较为特殊,且机体功能尚不健全,因而缺乏抵抗力及免疫力,加之其对外界环境的适应能力很弱,故需要对哺乳仔猪加强饲养管理。而在养殖生产中影响仔猪成活率的因素很多,但只要有科学的饲养管理,供给合理的全价饲料,以及时足量的初乳,做好各种免疫,在哺乳期前两周补足铁和硒,防止仔猪下痢的发生,减少仔猪应激,科学合理地断奶,就能更好地养好仔猪,提高养殖效益。

| 第五章 |

保育猪的饲养管理

在生猪生长中有一个非常重要的阶段就是保育阶段。保育阶段一般是指仔猪从断奶到10周龄这段时间。保育猪又被称为断奶仔猪,是新生仔猪完成断奶后过渡到保育的阶段,即离开母猪开始独立生活的最初阶段。此时期的保育猪因为母乳供应的突然中断,造成抵抗力的下降及适应能力的减弱。在这个阶段的仔猪因为生长发育很快,很容易感染疾病,仔猪出现应激反应的概率成倍增大,对保育猪的健康生长构成了严重威胁,故此阶段的仔猪需要精细的饲养管理。若这个时期的饲养管理水平不够,那么保育猪死亡率就会大幅增长。

仔猪从断奶进入保育阶段,伴随着饲料以及环境的变化,再加之母源抗体的减少,应激反应就会凸显出来。仔猪表现出采食量减少、消化能力减弱、腹泻、生长缓慢等症状被称为断奶仔猪综合征。由此看来,在养猪生产中,提高保育猪的饲养管理水平,最大程度降低断奶仔猪产生的应激反应,使其平稳度过断奶期,就会给生产者带来很好的经济效益。保育猪的饲养管理是生猪养殖业中一项非常关键的环节,此环节中要求养殖户提高饲养管理重视程度,确保保育猪饲养管理技术要点落地落实,并强化各个环节的精确把控,从而提高保育质量。本章就保育猪饲养所要达到的预期效果,保育猪的生理特点、营养需求、饲养管理和疫病预防等内容进行阐述。

一、饲养目标

(一)断奶应激的降低

仔猪与母猪的分离通常在其出生后的 2~3 周,随之采取单独圈养的饲养方式容易使保育猪出现应激反应。临床上会有腹泻的发生与食欲的降低,甚至有"僵猪"的形成或死亡的现象。为了应对应激反应带来的临床症状,饲养人员需对保育猪及时进行安抚,以使保育猪适应新环境而减少应激反应。故此阶段,饲养管理人员必须对保育猪的饲养环境及营养水平进行严格的把控,尽量控制应激刺激的发生。

(二)保育猪成活率的提高

在提高养殖效益的众多举措中,仔猪成活率的提高是最直接最关键的指标。饲养员可通过喂养方式的科学化、预防疾病的及时有效性,来达到保育猪的高成活率的目标。

(三)保育猪生长速度的提高

在保育猪的饲养管理中最重要的工作就是对日粮的科学合理的搭配,以夯实其全面均衡的营养水平。同时,保障舒适、安全、干净的养殖环境对保育猪生长速度的提高也相当重要。对疫病的有效防控也是保证保育猪健康快速生长状态的有力措施。一般情况下,保育猪失去母猪的庇护,自身免疫抵抗力能够大幅增强足以应对环境的变化,保育猪 70 日龄时的体重在 25~30 kg,且猪群食欲旺盛,每天增重在 0.35 kg,这些标准是保育猪生长速度良好的重要参考。

二、保育猪的生理特点

因保育猪的消化系统发育还不完善,对饲料中的原料成分较为敏感,会造成保育猪消化饲料的能力欠佳,再加之猪群在断奶后还要面临来自断奶、消化机能、环境变化等方面的应激,如果这些不利因素没有得到合理解决,很容易影响到保育猪的生长及健康水平的提高。所以在生产一线中要为保育猪提供营养水平较高并且消化率好的饲料,同时还需要保证保育猪的饲料基本保持稳定不变,若有改变,应随时观察发现保育猪是否有变化,并及时进行调整更换。因为全价的颗粒饲料不但能促进保育猪体重快速增长,更重要的是还能够减轻其消化系统的负担,所以一般建议为保育猪选择全价颗粒饲料来满足其在生长发育过程中对营养的需求。

三、保育猪的营养需求

在生猪养殖效益的提高环节中,保育猪的增重尤为重要,其主要取决于其能量性饲料的合理供应。育肥猪摄入合适的能量性饲料后,就会保持良好的生长发育水平,同时也会提高饲料的转化率,但保育猪除了对能量有很大的需求外,还需要高质量的蛋白质,因为蛋白质的供应水平在一定程度上决定了生猪的胴体质量与使用的口感价值。因此,在生猪经断奶进入保育阶段后能量及蛋白质的供应水平需要重点把控及落实。虽然保育猪在生长发育过程中,猪群对营养的供应要求会随着自身生理特点需求变化而改变,但是从总的方面来考虑,为保育猪提供高能量、蛋白质含量合适的且适口性好容易消化的保育饲料对保证猪群的健康生长很重要。到了保育后期阶段,因为保育猪消化系统的完善,饲料配比结构及营养水平可以进行相应的调整,逐步将保育饲料转换为育肥料。

四、保育猪的饲养管理

(一)践行科学的管理理念

管理理念的科学性及前沿性对于整个饲养管理水平的发挥具有指引作用,且管理理念需要根据养殖生产的先进技术及设备进行更新。比如在仔猪的转移过程中,需要尽可能地避免出现混养的情况,换句话说,就是在一个猪舍内最适宜的选择是原窝且体重相差不大的仔猪。而对于养殖性能较差的仔猪,则不能和体壮的猪群一起混养,需要将其分群出来进行特殊饲养,在其体况被充分改善后再进行混合饲喂以保证猪群生长的均衡化。

(二)仔猪转舍前的准备

首先,哺乳仔猪断奶后,因其不再有乳汁供给,母源抗体随之快速下降,加之仔猪对温度的变化极为敏感,在这种情况下如果温度调控不能被精确落实到位,过高或过低的环境温度都会对保育猪的生长发育造成不良影响。所以在仔猪由产房向保育舍转移的过程中,温度一定要被严格控制。一般建议保育舍的温度要高于产房2℃左右,只有这样仔猪才能顺利度过断奶期。另外,要想保证保育猪在保育舍能够更好地饮水、采食以及避免保育猪在新环境中惊恐不安,必须要有合适的温度来诱导。值得注意的是,在实际生产中,保育舍的温度不是一成不变的,而是应该随着保育猪的生长做出相应调整。一般情况下,保育初期温度应控制在28~30℃,随着保育猪的生长,每周猪舍温度下降1~2℃,直到温度控制在19~22℃。

其次,保育猪在转舍之前除了要注意温度的控制,还需重点把控保育舍的清理和卫生消毒工作。保育圈舍要进行全面的清洗及消毒,一般建议使用高压水枪对圈舍的地面、墙壁及引水装置等隐蔽场所进行高压冲洗,等到干燥之后再使用消毒剂喷洒一次。同时不能漏掉对保育舍的边缘、窗户、地面、料槽底部等卫生死角部位的清理。临床上一般建议选择2%的氢氧化钠溶液,对圈舍内外部环境以及养殖用具进行全面的喷洒消毒,全面消毒之后用清水对用具再进行一次全面清洗。而对于密闭性能较好的圈舍,往往建议使用福尔马林和高锰酸钾混合之后熏蒸消毒,密闭48 h后通风透气。除此之外,猪舍当中的粪便需要及时清理。

最后,需要对保育舍的墙壁、门窗、栏位、保温箱等设备设施进行全面的检修,确保饮水器的正常供水功能,加药器是否能正常使用。

(三)保育猪的饲料及饮水管理

1. 严格把控饲料品质

在生猪饲养管理中一个重要的决定性因素就是饲料的质量问题,其品质的好坏直接影响生猪的健康及生长发育,而有害的饲料更是会影响到保育猪的生长发育,更严重的会导致保育猪的器官及功能发育不健全。这是因为保育猪是从断奶阶段慢慢过渡到饲料饲喂,其还不能够完全适应饲料饲喂。在实际生产中,为了最大限度地避免饲料的浪费,一般选择颗粒料饲料。而众多研究表明,保育猪的生长发育与其所被饲喂的饲料形态有非常直接的关联,一般认为饲料粒径在2.4 mm左右是饲喂过程中最佳的颗粒粒径。在饲料品质的把控中,不光要看饲料形态,还要保证饲料的新鲜程度以及合理控制饲喂次数。比如,在具体饲喂的过程中不建议在饲料料槽中一次性投喂大量饲料,否则不仅会造成饲料结块发霉,更严重的还会引起仔猪发生很多疾病。可以采取少量勤添的方式,这样在避免浪费的同时,还能保证仔猪不发生相关疾病。所以在采购饲料环节中,要选用优质的饲料原料进行加工,不仅如此,还要做好饲料的后期保管工作。最后在饲喂前要进行严格的检查,从而保证给保育猪饲喂的是健康的高品质饲料。

2. 科学使用饲料添加剂

因保育猪生长发育较快,日增重较高,在养殖生产中饲养管理者为了提高饲料利用效率,促使保育猪生长速度的提升,即缩短养殖周期,使得饲料添加剂被广泛使用。使用饲料添加剂需要遵循其使用规则,即不能使用国家明令禁止的高毒高残留饲料添加剂,同时抗生素、抗病毒类化学添加剂的使用也应严格控制。在养殖一线,常用到的添加剂主要包括两类,一类是酸化剂,比如柠檬酸、丙酸。饲料中添加了此类添加剂后有利于增强保育猪的胃液酸度,从而使其能够更好地消化利用饲料,抑制有害菌群的繁殖,实现胃肠道健康的保护。另一类是酶制剂和益生菌制剂,生产中常被推荐使用的有蛋白酶、淀粉酶及纤维素性分解酶。此类添加剂的使用能够使饲料的营养价值得到很大程度的增强,保育猪的胃肠道消化能力也会得到很好的改善,可以避免因消化不良引起腹泻等疾病的发生。

3. 合理控制营养

保育猪在经历了断奶阶段,在饲喂中就应该确保供给其足够的营养,更需要合理搭配日粮中的营养物质,这样才可以保证保育猪骨骼等各项机能的快速发育。还有一个重要的方面,就是为了保证育猪生长发育阶段中对蛋白质和矿物质的需求,在饲料的搭配中要注意这两种物质的供给。比如,对于 15 kg 以下的仔猪,应将最初能量供给稳定在 15.57 MJ/kg 以上,超过 15 kg 后,饲料营养水平应该稳定在 16.61 MJ/kg 以上。

4. 卫生饮水管理

保育猪由于其机体免疫机能还没有完全发育好,其对水中存在的病原菌没有很强的抵抗能力,所以给保育猪提供干净又足量的水资源就显得尤为重要。而在水温的控制上,应尽量提供优质的温水,因为保育猪的肠道发育也不够健全。特别需要注意的是在秋冬季节,因环境温度较低,温水的供应显得很重要,这样就能避免仔猪因饮用冷水而造成腹泻等现象的发生。也可以在所提供的水质中适量加入一些维生素等营养成分,从而起到增加仔猪免疫力的作用,最终增强保育猪对疾病的抵抗能力。

5. 保育猪的饲养管理

提高饲养人员的管理意识和养殖技术水平是保育猪科学饲养管理中的关键环节。应对饲养人员的养殖技术理念及水平进行系统培训,培训工作的重点应以"现代化保育猪饲养管理"为基础,使饲养人员的饲养能力和管理水平得到系统全面的提高。众所周知,保育猪在各生长周期会出现不同的状况,若管理人员没有很好的管理理念及极高的管理水平,就有可能会在应急处置中使用不当的方法,给养殖经济效益带来损失。新时期,要加大对现代化养殖设备的引进和使用。

(1)高质量落实转群工作。在规模化养殖场中,一般会在仔猪21日龄或者是28日龄对其进行断奶。由于此阶段的保育猪其消化功能还未发育完善,故此阶段需将保育猪转入到经过全面清理消毒过的保育舍中进行统一饲喂及管理,即对保育猪的转群工作。转群应尽量遵循原窝原圈的养殖管理模式,且转群后在短期内由维持原有的饲料配方逐步过渡到保育阶段饲料配比。

(2)提供良好的养殖环境。保育猪的机体健康状况及生产性能的发挥在很大程度上受饲养环境的制约。为了提高保育猪的生长性能,应为其提供适宜的生长繁育环境,以降低生猪患病的可能性。同时,"全进全出"的饲养模式应被采纳,这样可以减少猪群混杂以及转栏的次数,降低猪只应激因素,防止交叉感染。在生猪的保育阶段,要为保育猪提供适宜的生长环境,饲养管理者就必须对保育猪的圈舍环境温湿度、通风状况及饲养密度进行严格把控。以下具体措施供饲养管理者采纳。

首先,合理控制温湿度。猪舍内的温度早晚不能差别过大,分娩舍及保育舍须在空气流通的前提下保持适宜的温度。在断奶仔猪进入保育圈舍后,应保证圈舍内的温度适宜。在保育猪养殖生产过程中,过高的环境温度极易导致猪只热应激情况的发生,而过低的饲养温度将导致猪只将摄入的大量能量用于机体保温,这些都会造成保育猪生产性能的下降。一般情况下,保育圈舍的温度应控制在 27~31℃,并且每隔一周下调 1~3℃,最终保持在 22~24℃。所以,在冬春寒冷季节,饲养管理员要为保育圈舍增加热源,以避免因温度过低而使断奶仔猪出现应激反应,从而减少仔猪相关疾病的发生。要预防生猪呼吸道疾病及腹泻的发生,则需要养殖户在养殖实际生产中重视对环境中湿度的把控。养殖生产环境中的湿度要适中,因为湿度不够会导致舍内粉尘数量增加从而诱发猪只呼吸道感染,而湿度过高又会导致温度难以获得良好的控制,甚至会出现猪腹泻病的发生。临床上需要在不同的饲养季节对温湿度进行调节,一般建议将湿度控制在 50%~75% 以保证生猪处于舒适的养殖环境。

其次,保育猪圈舍内的通风条件对舍内空气质量有决定性的作用,所以养殖场内必须保持猪舍的空气流通,空气中的氨气等得到疏散,可以减少猪只呼吸道疾病的发生。我们都知道,圈舍是一个密闭的空间,这样就非常容易引起二氧化碳、硫化氢以及二氧化硫等有毒有害气体的堆积,使致病菌的含量增加,这会对仔猪健康造成一定的影响。因此,我们必须通过经常性的通风换气来保证良好的通风,有效预防保育猪呼吸道疾病的发生。

再次,需要严格控制饲养密度。一般情况下我们建议给每头断奶仔猪提供 0.4~0.6 m^2 的活动空间。如果保育猪的活动空间达不到建议的面积,那么圈舍的空气质量就很难保证,更严重的是可能出现仔猪打架的现象,这很容易增加保育猪感染疾病的风险。还有就是需要合理地控制圈舍湿度。为了保证保育圈舍内的湿度适合仔猪生长,需要在做好圈舍清洁工作的同时还要用清水冲洗圈舍,并合理地控制冲洗次数,将保育圈舍的湿度控制在合理范围。

最后,我们需要做好猪舍的清洁与消毒工作。建议定期对圈舍进行全面的清洁与消毒,对粪便等物体进行清理,保持猪舍干燥卫生,防止细菌的滋生,从而避免传染性疾病的发生。

(3)落实分群调教工作,营造良好生长环境。对保育猪的分群工作需要在仔猪断奶后进行,一方面是为了对保育猪进行高效合理的管理,另一方面是通过均衡猪群数量来保证保育猪的生长。故分群工作在保育猪的饲养管理中显得尤为重要。在实际操作中需要尽可能地将同一窝断奶仔猪分在同一圈舍内饲养,同时需要兼顾仔猪的体重水平进行分群,这样就能很大程度地预防保育猪之间咬架等不良行为的出现。与此同时,仔猪转群后需要落实调教工作。因仔猪刚进入保育舍,因为对饲养环境的陌生,再加上其对采食、排泄及休息等行为还未形成良好的习惯,若不对其进行及时的调教则会造成养殖饲养混乱,给管理带来不便。养殖人员需要对仔猪采食、排泄和睡卧进行调教,这样饲养管理水平才能得到提高。同时,饲养管理者可在清理休息区粪污时在排泄区适当留小部分粪便来引导保育猪正常排泄习惯的养成。一般情况下保育猪在经过 5~8 d 的调教后,其采食、睡卧、排泄等行为习惯就会很好地被形成。

(4)正确处理干燥、卫生和消毒的关系。对保育猪的饲养管理,不仅要注意保育猪的健康水平问题,还应正确处理干燥、卫生和消毒的关系。特别值得注意的是饲养员在日常饲养管理中应全面地对仔猪活动场所进行清理,特别是对粪便的处理应及时,要防止保育猪在粪便上活动或躺卧,在清理猪舍卫生时建议使用保育猪干燥剂。猪舍通风应全年被关注,还应特别注意细菌滋生等问题。若保育室潮湿且脏乱,非常容易滋生各种病菌,会对保育猪的健康成长会受到很大的威胁。

(5)减少应激。在保育猪的发育过程中,任何一个大的应激都将导致其抗病能力的降低,例如断奶、转群以及环境改变等。

①断奶。断奶所带来的应激是在所难免的。如果我们能在断

奶的过程中尽量保证外界其他因素不变,那么仔猪断奶应激反应会降低,所以我们建议仔猪断奶后在原圈多养一周从而来减少因断奶带来的应激。

②转群。转群时如能由原饲养员操作,减少因生人造成的影响,也会有效地降低仔猪的应激反应。

③换料。在换料的过程中建议缓慢过渡换料。这样就能在很大程度上避免仔猪出现消化不良等现象。

④环境应激。众所周知,生猪养殖过程中面临的最大应激应该是环境应激,在环境应激中最主要的是温度变化带来的应激,这是所有应激中最大的一种。在实际生产中常常有一种错误的认识,很多饲养管理者认为仔猪断奶后环境温度应该被降低,这种错误的认识就会造成仔猪断奶后抗病能力的降低。正确的做法是仔猪在断奶后需要较断奶前更高一些的温度。在避免环境应激方面,建议仍保持产房的各种条件,如保温箱、铺板、烤灯,舍内温度在断奶当天必须增加2~3℃。

6. 保育猪饲养管理常规工作

(1)早上进入猪舍后需要快速检查一遍所有保育舍,查看是否有什么异常情况需要紧急处理。

(2)在补充饲料的时候不宜过多,以1 d内能够采食完的量为宜。

(3)重点关注刚断奶的仔猪,从而来确保仔猪能够自由采食到饲料和水。

(4)定时检查猪舍温度以随时适应仔猪的生理要求。如果仔猪出现聚集扎堆现象,则提示猪舍温过低,如果仔猪能够均匀分散开,就表明仔猪舍温适宜。

(5)检查房内的空气新鲜度,及时调整通风量。

(6)检查饮水器,看饮水器工作是否正常,高度是否适合猪只饮用。

(7)检查猪只生长状况,发现病猪及时治疗,必要时转至病猪栏。在进猪 3 d 后,及时把弱小猪放入特护栏,并延迟换料时间。

(8)检查栏板及料槽并做小的维修、打扫好卫生。

在生猪养殖过程中,保育猪是生猪养殖的关键阶段。因此,我们必须在仔猪保育阶段采取科学合理的饲养技术与管理措施,保证保育仔猪的健康生长。

7. 保育猪的保健

仔猪断奶后,离开了母猪的保护,一方面体内的母源抗体逐渐消失,注射的疫苗还没有产生效果;另一方面注射的疫苗种类毕竟还是有限的,更多的疾病还没有使用疫苗。一般建议在保育猪疾病易发期和应激发生前后,有计划地实施保育猪的药物保健预防工作,这对养好保育猪意义非常重大。具体实施方法是在应激(转群、注射疫苗、断奶、进猪、天气变化)发生前后采取以下措施进行药物保健预防。

(1)在每吨饲料中添加 1~3 kg 利高霉素 44 进行保育猪药物保健,连续使用 15 d 以上。采取这种方法会最大限度地减少猪只呼吸道病综合征和腹泻综合征的发生,更重要的是在提高保育猪的成活率和生长速度,以及改善料肉比方面有很显著的效果。

(2)另一个很有效的保育措施是在保育猪生长危险期、疾病易发期用速解灵 1~4 针进行保健。一般建议具体的用药方法是在26 日龄、37 日龄、43 日龄各注射 1 次速解灵,每 12 kg 体重注射0.6 mL。采取这种措施不仅能够明显改善猪只成活率,更重要的是可以有效控制由于圆环病毒病、蓝耳病等引起的继发细菌性感染,从根源上提高保育猪的抗病力,最终达到增加养殖管理者的经济效益。

五、对保育猪饲养管理中出现问题的分析

近年来,保育猪的管理模式及饲养方法全面改革,有关保育猪

饲养管理方面存在的问题在全面改革进程中也被发现。在保育猪的饲养管理环节中,会因饲养环境把控不到位、管理水平不够等诸多因素的影响,出现一些制约养殖经济效益提高的问题。所发现的这些问题给养殖户的经济带来了一定的影响,同时也影响了保育猪的饲养质量。

(一)仔猪减重严重

根据实践经验来看,断奶后仔猪减重严重的主要原因是对仔猪的未采取系统化的断奶方案。饲养员对不同仔猪的断奶未根据实际情况选择合适的断奶方法,甚至由于断奶方法的不同威胁了保育猪的生命健康安全。仔猪断奶前后,饲养员未对仔猪的身体健康情况进行全面关注,仔猪断奶前后可能会对各种食物产生抵触,这时候如果饲养员不及时关注就会造成仔猪的营养不良,还有就是仔猪在断奶后如果长时间躺在冰凉的地方或生长环境过于寒冷,也会给仔猪身体健康带来威胁。

(二)生长放缓

保育猪的生长速度受到诸多养殖因素的影响。保育猪生长放缓很大程度上是因为饲养员在对保育猪断奶后的营养摄入情况了解不全面导致很多保育猪在断奶后出现营养不良,甚至在摄入饲料后对其肠道造成破坏。因此就需要饲养管理人员对保育猪的生理特点及营养需求进行全面的把握,以保证保育猪生长所需的营养物质。相反,免疫力低下以及营养摄入的不足会严重影响保育猪的生长速度,同时也会降低饲料的实际利用率,导致饲养的整体成本增加。如果出现某种流行性疾病,保育猪自身的免疫力也会遭到破坏,这也会严重危害其健康。同时保育猪断奶以后其肠道的消化能力还没有育肥猪那么强,饲养员如果忽视这方面问题的话就会造成保育猪大面积的腹泻。

(三)加大保育猪饲养管理环节中的重视力度

如果保育猪的生长环境过于恶劣,那么就会引发相关疾病。在实际养殖一线中的保育猪饲养管理员的管理理念和管理内容如果过于传统,在对保育猪的管理中就很有可能造成对某些重要问题的忽视。甚至还有些饲养员没有科学管理的保育意识,只是注重对保育猪的饲喂,对保育猪的实际生长情况以及健康情况关注甚少。要加大对保育猪饲养员对科学系统的饲养方法学习培训。做好对保育猪饲养管理工作。

六、保育猪的疾病预防

(一)科学进行免疫接种

断奶仔猪在进入保育舍后,因不能继续获得母源抗体的保护,再加上自身的免疫系统尚未发育完善,导致保育猪对疾病的抵抗力较差,疾病发生率较高,极易受到伪狂犬、蓝耳病等常见疾病的侵袭。而做好疫苗接种工作是最有效的预防传染性疾病的措施,要将预防为主的理念贯彻于保育猪疾病防控工作实践当中。在疫苗免疫的具体操作中,需要根据养殖场的具体养殖情况及当下疫病流行状况来制订适合养殖场自身的科学免疫接种程序,按免疫程序对保育猪进行免疫。免疫时需建立免疫档案,准确记录免疫具体开展情况。免疫后要定期通过采血化验对免疫效果进行评估,根据评估结果对免疫程序进行科学调整并进行适时补免。

(二)增强保育猪免疫力

对保育猪的疫病预防除了疫苗免疫接种外还可以通过在饲料中添加适量的中草药和益生素等免疫力增强剂提高保育猪的自身抗病能力。与此同时,饲养人员可在饲料中将适当剂量的外源性酶及有机酸等添加于饲料中以增强保育猪的肠胃蠕动能力,从而有效避免其腹泻及消化不良等疾病的发生。

(三)做好保育猪寄生虫预防工作

保育猪寄生虫病的预防工作需要一个舒适且洁净的养殖环境,以切断寄生虫病的传播途径。首先要对养殖环境及猪身体表面的寄生虫进行全面驱杀。一般建议于猪只35~40日龄时进行第一次驱虫,并对驱虫后保育猪排出的粪便进行无害化处理,避免二次感染。同时,定期进行驱蚊及灭鼠工作也很有必要,通过驱蚊及灭鼠可以在很大程度上避免保育猪因为蚊虫叮咬以及接触鼠类而造成病原感染。

保育猪在整个猪场中属于比较重要的饲养群体,所以,保育猪科学的饲养与管理在确保其健康生长的同时,对后期育肥猪的科学效管理有着重要的意义。保育猪饲养管理是一项复杂且系统性的工作,故饲养管理者应根据保育猪的实际生长情况及饲养环境进行系统的研究和分析,在科学地进行保育猪饲养管理的基础上,将其饲养管理的内容与要求进行全面的完善及提升。保育猪的饲养管理工作涉及如转舍前期准备、养殖管理及疫病防治等多个环节,针对诸多养殖环节,要求饲养管理人员将传统的饲养方法进行改进,并对保育猪进行全新的科学管理。充分认识到生猪保育阶段的生理特点及其生长特性,并结合保育猪发育特点构建有针对性的养殖管理方案。要求饲养管理人员随时观察猪群的采食运动等情况,尽量降低保育猪在断奶时的应激反应,采取有针对性的养殖管理措施,以此来提高保育猪的养殖管理水平,进一步提升生猪养殖规模,确保整个饲养场的经济效益稳定增长。

第六章

生长育肥猪的饲养管理

生长育肥猪是指在 75~80 日龄由保育舍转至育肥舍的生猪。生猪到了育肥期,其各个器官均已发育成熟,同时对外界不良环境的影响也有了很强的抵抗力,这个时期的猪只患病明显减少,饲养管理较哺乳期及保育期相对容易。而在大型猪场的实际生产中,育肥猪阶段在整个饲养管理环节中处于一个非常关键的环节,在这个环节中产生的经济效益也是生猪养殖的最终经济效益。在获取最大经济效益的过程中,育肥猪的胴体品质是最关键的环节。因为猪至出栏不生病并不是最终饲养的目标,而是追求相对比较高的饲料回报,提高猪只的日增重,优化猪肉的品质,降低饲养成本,有效地将出栏时间缩短,力求用最少的投入来获得更高产量、更加优质的猪肉。因此,要想获得最大的经济效益就必须提高育肥猪的饲养管理水平。饲养管理水平提高后,育肥猪的日增重及饲料转化率也会相应地提高。饲养管理者只有掌握了育肥猪的饲养管理方法,同时落实好育肥猪的准备工作,在加强品种选择的基础上,科学合理的搭配日粮,给猪群提供一个适宜的养殖环境。育肥猪的疾病预防工作也不容忽视,只有采用了疾病防制技术和科学合理的饲养管理,育肥猪才会达到增重快、耗料少、胴体品种优、成本低和效益高的目标,并为生产者带来高的经济效益,同时也加快了生猪生产的步伐。本章就育肥猪的饲养管理目标,生长特性,营养需求和育肥猪的疫病防控等内容进行阐述。

第六章 生长育肥猪的饲养管理

一、育肥猪的饲养管理目标

育肥猪的饲养管理目标是在最短的时间内,利用最少的饲料获得最大的日增重和最佳的猪肉,从而满足市场对猪肉的需求,即育肥猪日增重的增加和饲料转化率的提高是生猪育肥阶段的终极目标,同时能够充分挖掘育肥猪的生长潜力,追求成活率97%以上,达到110 kg/头体重时日龄小于150 d,使其控制在140~150日龄范围。最终达到养殖场经济效益的提高。

二、育肥猪的生长特性

在整个生猪养殖周期中,育肥猪生产性能的提高将直接关系到养殖场的经济效益,所以在生猪的饲养管理中,加强育肥猪的养殖管理显得格外重要。作为生猪养殖中的直接操作者——饲养管理人员,应该系统地掌握生猪育肥养殖期间的发育规律及其生理特点,再结合养殖场的实际养殖现状,构建适用于该场有针对性的养殖管理方案,进而缩短养殖周期,大幅提高经济效益。

(一)育肥猪体重的增长规律

在整个育肥期,育肥猪的增重规律在不同的生长时期有着很大的差别,就是这个体重的增长变化决定了生猪出栏屠宰上市的重要标准。在体重增长周期中,育肥猪的生长增速阶段会表现出一个明显的转折。一般育肥猪的体重增长不会永远继续,而是增长到一定水平就会进入缓慢阶段。正常情况下,育肥猪体重到达成年猪体重的一半时为屠宰的最好时机。虽然各个养殖场的饲养环境及管理水平各有千秋,但养殖人员为追求最大的经济效益一般都会选择在6个月内进行屠宰。

(二)育肥猪组织的生长规律

育肥猪的组织发育是有一定规律的,其中在育肥猪的养殖过程中,骨骼为最先发育的身体组织,当骨骼发育到一定程度时会停止发育,肌肉才开始增长。肌肉的增长是随着骨骼的发育而增加的。在各组织发育中脂肪发育最晚,在育肥猪生长的最后阶段进行。一般而言,骨骼、脂肪及肌肉的生长速度与育肥猪选取的品种相关。在育肥猪处于肌肉猛增期,生猪的生长速度也飞快,因此养殖技术人员可结合组织生长规律,科学地掌控育肥猪的养殖要点。

由此可见,育肥猪在不同的生长阶段具有不同的发育规律,所以在每个阶段需要的营养特性也有很大的区别。在生猪的生长发育过程中,我们根据育肥猪饲养特性又可将整个过程分为育肥前期阶段和育肥后期阶段。

1. 育肥前期

体重在 18~60 kg 之间的育肥猪。在这个阶段的育肥猪,各组织和器官的生长发育功能都不是很完善,要特别注意 19 kg 左右体重的猪只,因为其消化系统还在发育中,功能相对较弱,这就在很大程度上影响了营养物质的吸收和利用。再加上这一阶段猪只的神经系统和机体对外界环境等的抵抗力也正处于逐渐完善阶段,所以该阶段的育肥猪增长的主要是骨骼和肌肉,脂肪增长相对较慢。

2. 育肥后期

生猪的体重在 60 kg 以上一直到出栏为育肥后期。这个阶段的生猪脂肪、体重快速增长,其他组织发育也已经接近完善,尤其是消化系统发展很快,对各种饲料的消化吸收都有了很大的改进;而神经系统和机体对外界的抵抗力也在逐步提高,这就使得该阶段的育肥猪能够很好地适应周围环境的改变。

三、育肥猪的营养需求

(一) 能量

能量是生猪育肥过程中机体需要的重要营养元素,生猪的日增重是随机体摄入能量的增加而加快,饲料的转化利用率也同时被提高,与此同时,脂肪沉积量也大幅提升,而消费者追求的瘦肉率会随着脂肪的增加而降低,从而带来生猪的胴体品质变差。所以育肥期不能一味地增加能量的供给,而是应该给育肥猪供应合理的饲料,将日粮中的能量占比率控制在合适的水平。也就是说,在提高其能量的同时还应加快育肥猪机体的增重速度以及饲料的转化率,避免育肥猪胴体出现过肥现象;如果猪饲料中的能量供应不足,将会带来饲料的转化率降低及增重变缓。

(二) 蛋白质及氨基酸

蛋白质在育肥猪的能量供应中处于必不可少的角色,是参与猪体肌肉生长的重要物质,亦是维持猪体正常的生命活动及生长发育的营养元素。在育肥期间,若蛋白质供给不足,育肥猪的肌肉生长就会受到很大限制,甚至出现体重下降的现象。蛋白质及氨基酸的供给也需要保证在一个合理的动态平衡状态,要既能满足猪体对蛋白质的需求又不造成过剩及浪费。

(三) 能蛋比

在育肥猪的营养需求中能量和蛋白质是最重要的两类营养,而在所有的营养中,蛋白质和能量的比例也需要保持一定的平衡。因为育肥猪摄入高水平能量后,日增重以及饲料的转化率会被大幅提高,但过高的能量供给会明显影响育肥猪胴体的品质。如果蛋白质水平能保持在适宜的程度，就在满足能量供给的同时改善育肥猪的胴体品质。所以投喂给猪的饲料应该具有适宜的能量蛋白比，既能保证日增重提高，也不影响胴体的品质为宜。

（四）粗纤维

育肥猪因其消化系统已发育完善，故其对采食饲料中的粗纤维的利用率降低，如果饲料中粗纤维的水平过高，会对育肥猪的日增重和饲料转化率产生不利影响。所以在猪育肥的阶段，应该保证日粮中粗纤维的含量适中。如果粗纤维的含量供给不足，育肥猪腹泻的现象就会发生，而如果粗纤维含量过高，则在降低饲料转化率的同时会使饲料的适口性变差。

（五）矿物质和维生素

育肥期猪的营养需求还有两种必不可少的营养物质，就是矿物质和维生素。因育肥猪对矿物质的要求相当高，如若矿物质和维生素在饲料中所占的比例过剩或不足，机体就会出现代谢紊乱的现象。在育肥猪的日粮搭配中必需的矿物质一共有十几种，其中钙、磷和食盐的比例在日粮配制时应该进行适宜的调整。比如在猪采食的饲料中，食盐的适当添加能够很大程度上满足育肥猪对矿物质的正常需求，而且以较低的投入带来很好的经济效益。在生产一线中每天保证约 2 kg 的青饲料，这样就能满足育肥猪对维生素的正常需求。相反如果青饲料供给不够，可使用多种维生素添加剂以满足育肥猪的日常需求。

四、加强育肥猪的选择

在正式育肥前做好育肥猪的选择工作是使生猪获得较好育肥

效果的基础，因此，为了实现商品肉猪的快速增重，提高饲料报酬率，提高出栏率，就需要选择优良的品种，还要注意所选择的品种是健康无病、质量好的仔猪。一般在选择品种时，要根据市场需求选择以瘦肉型品种为父本的两元或者三元杂交品种，这样的猪通常生长发育速度快、饲料转化率高、瘦肉率高。此外，还需要加强个体的选择，选择体格健壮、活力强、抗病能力强的仔猪，生产上常流行一句话"入栏多一斤，出栏多十斤"，可见仔猪的质量对于生长育肥阶段影响非常大。故无论是自繁自养还是从外场购买仔猪都要选择外貌特征符合该品种特性的个体，需选择毛稀而有光泽、头短肩宽、眼大有神、前躯宽深、中躯平直、后躯发达、尾根粗壮、四肢强健、体质结实、活泼好动、叫声清亮及排泄正常的仔猪。

五、饲养管理

（一）合理有效的饲喂管理

育肥猪营养吸收的好坏很大程度上受到饲喂管理水平的影响，我们在生产实践中应特别注意饲喂方式的合理化以及饲料的营养平衡化。

1. 制订科学的饲料配方

在整个育肥阶段的所有成本中，饲料所占的成本在70%以上，这样看来，在育肥过程中选择营养平衡、适口性好、价格适中及性价比高而且有利于猪只消化吸收的饲料显得尤为重要。选择合适的饲料。合适的饲料，转化率不仅能得到很好的提高，而且还降低了饲料成本，从而达到养殖效益的最大提高。

饲养管理人员在整个育肥过程中最重要的环节就是生长育肥猪日粮的合理搭配问题，这需要饲养管理员特别注意控制饲料内各种营养元素的成分比重,以获取最高的饲料利用率,即日粮搭配的科学化与多样化。饲养管理人员在为猪配制日粮时,需要注意的是要为其配制营养比较全面的饲料,一定要避免单一饲料,只有采取营养全面的饲料才能够为猪的健康快速增长提供有力保障。优质营养全面的饲料可以促进蛋白质和其他营养物质能量互补,在促进猪消化系统协调的同时,蛋白质的利用率也被提高。而在合理的饲料搭配中还有一个最重要的元素就是蛋白质的营养水平。众所周知,饲料中蛋白质水平决定育肥猪的增重速度、饲料转化率和酮体质量,故蛋白水平一定要达标。一般情况下我们建议体重在 30~65 kg 时粗蛋白质需要控制在 16%~17%,65~100 kg 时粗蛋白质则降低至 15%~16%。与此同时,在供给营养平衡的蛋白质的基础上还要注意各种氨基酸之间的配比。尤其应注意赖氨酸含量应占粗蛋白质的 8% 左右,因为它属于第一限制性氨基酸,不仅决定育肥猪的日增重和饲料转化率,还关系到其胴体的瘦肉率。而在育肥后期,机体有一定的脂肪沉积,食欲会有所下降,这就需要增加饲料能量含量,同时饲喂次数也要增加,最终刺激生猪尽快达到出栏所要求的体重。在整个育肥周期中,饲料配比和饲喂程序不能是一成不变的,需要饲养管理人员根据具体的生产状况及时且更科学地调整饲料配方和饲养程序,饲料配方和饲喂程序的实时改变非常有利于育肥猪的增重和饲料转化率的提高。总而言之,饲料的科学配比以及合理饲喂程序的保证能最大程度上确保育肥猪免受日粮供给影响,最终让生产经营者获取最大的经济效益。

2. 提高饲料转化率

生猪在整个生产过程中最大耗料量出现在育肥阶段,此阶段的耗料量占总耗料量的 75% 以上,所以在这个阶段,生产实际中饲料转化率的提高能将饲养成本最大限度地降低,最终以获取最大的养殖效益。在实际生产过程中,在保证饲料营养全价的基础上争取生猪的最适生存温度,冬天要增加温度,避免猪只为了御寒而增加采食量,而在炎热的夏季应加强通风管理和降低饲养密度,从而降低猪只的体感温度,以免高温张口喘气。这些措施都能在很大程度上增加其经济效益。

3. 合理的饲喂方式

定时、定量、定质的饲喂在育肥猪的饲喂中具有非常重要的作用。饲养管理员应做到每天在固定的时间喂料,并固定每天的饲喂次数,这样可以使生猪拥有良好的习惯,利于饲料的消化吸收,最终育肥猪的食欲和饲料利用率可最大程度地提高。饲喂量、饲喂时间和饲喂次数不能是一成不变的,需要根据育肥猪所处的阶段、育肥季节和生长发育情况等因素及时调整饲料配方,在调整过程中要尽早保持相对稳定,不可以变动过大,如果需要更换饲料,也需要逐渐完成换料,以免发生严重的换料应激。在具体的饲喂环节中,一般建议饲喂生料,因为饲喂生料在节省饲养成本的同时,能够保证饲料营养所带来的经济效益的最大幅提升。最后还需注意的是,饲养员在具体饲喂过程中一定要注意按时定量,确保饲槽内每天必须吃空一次,以免造成不必要的浪费,同时防止日粮积压霉变引起相关疾病。

4. 补充清洁的饮水

水在生猪体温调节、养分吸收、废物排泄等诸多环节中发挥着重要的作用,同时水还是生猪新陈代谢的重要组成部分。更重要的是,水源也是猪体营养的重要来源之一,所以我们在生产实际中一定要保证给生猪提供清洁且充足的水源。在具体的饲喂管理中需要饲养管理人员密切关注猪群的饮水情况,饮水器高度需要根据育肥猪日龄的增长进行调节,而且饲养管理人员每天应检查一次饮水器,保障饮水器的畅通。与此同时,饮水器还应该定期清洗,以确保饮水的干净卫生,避免生猪在饮水中某些病原菌污染引起猪群发生相关疾病。需水量的控制应根据温湿度、饲料等情况而定。一般建议冬季需水量为体重的12%左右,春秋需水量为体重的18%左右,而夏季需水量为体重的25%左右,因为天气炎热,需水量相对较高。

(二)做好分群与调教

综合考虑生长育肥猪的采食习性、品种、体重、性别以及来源等情况,做好分群工作,是规模化养猪场获得最大经济效益的又一重要环节。一般建议在开展分群工作时应遵循"昼合夜不合"的原则,并坚持"留弱不留强、拆多不拆少"的方法,最终达到科学高效的合理分群。健康和相对弱小的猪应分开饲养,保育舍转入生长育成舍,应一栏对一栏地转入。对保育猪进行合理分群后可减少以大欺小、以强欺弱的打架现象和其他应激反应的出现,在很大程度上可以减少生猪间的打斗,减少不必要的损失。一旦猪群被分好后应尽可能地保持猪群的相对稳定,尽量不进行随意的调群,否则会引起较大的应激反应,影响猪群的健康,但是当猪群中有病猪出现等特殊情况则可以适当的调整,这时候就需要将病猪调出单独饲养。在分群过程中播撒一些气味较浓的液体,如酒精、来苏水等,避免猪群通过味道寻找辨别非同群者。

值得一提的就是在分群后需要加强生猪的调教工作,调教的目的就是为了避免咬架现象的发生,以避免影响到生猪的生长发育和育肥效果。饲养管理人员对育肥猪在采食、排泄、清洗三个方面的调教在整个育肥猪的管理环节中具有举足轻重的作用。经过调教的猪群,每头生长育肥猪都能够吃到饲料而且不会发生抢夺争食的现象,可以自行前往固定采食和饮水位置进行饮食,以及能够在定点排泄位置排泄在睡觉位置休息。对育肥猪进行调教有利于保持圈舍的卫生清洁，更有助于经营者获取最大经济效益。

（三）调控好饲养环境

1. 圈舍的合理布局

育肥猪养殖环境的优劣对于育肥猪经济效益的好坏有着至关重要的决定性作用。在控制饲养环境的过程中，圈舍的合理布局是第一步需要落实的工作。在养殖生产实践中发现，育肥猪所产生的粪尿最多，这就需要对育肥猪猪舍进行合理布局，以此来避免猪只受恶劣环境的影响而滋生大量的病菌，导致感染性疾病的发生。育肥阶段的圈舍地面要保持有一定的坡度，这样猪群产生的尿液及废水就可以随时被排放出去，同时还可以保持地面的干燥。同时，在圈舍设计时还需要注意保证育肥猪的休息面积，此举是为了减少育肥猪的运动量以促进育肥猪增重。因为保证猪群休息面积利于猪只休息，休息时间增多就会降低其对饲料的消耗。

2. 温度与湿度的控制

为了保证猪群的正常生长发育和健康水平，应保证肥育期猪群在适宜的温度、湿度及新鲜的空气中生存。生活于舒服环境中的猪群，不仅饲料转化率得到提高，而且猪群的体质也能得到提高，对外界病原微生物的入侵具有抵御能力。故定期对圈舍内外进行认真清扫、严格按照消毒计划对圈舍内外进行彻底消毒并及时清理粪便、饲料残渣等在日常管理中占据重要的环节。与此同时，为育肥猪提供一个相对安静的生长环境，比如避免养殖场及周围环境噪声出现，在育肥期生产指标的保证方面是一个极易被忽视却相当重要的一个因素。在温度方面应做好防暑降温和保温防寒，温度低时可以加垫草，温度高时可以开启水帘、风机或给猪冲水以降温，也可以采取其他相应措施。育肥期最适宜的舍内温度为 $16\sim20℃$，相对湿度需要维持在 65%~68%。

3. 空气质量的调控

在饲养环境的调控中,圈舍中空气质量的控制也相当重要。而目前大多生猪养殖场由于饲养密度过大造成通风不良,以及剩料、粪污不及时清理导致舍内有害气体浓度过高,如舍内氨气、二氧化碳、硫化氢等有害气体浓度升高,饲养管理者就要加强通风换气工作,这样不仅可以减少有害气体对呼吸道黏膜的刺激,还可以防止病菌随着潮湿空气吸入上呼吸道,避免引发猪群感染呼吸道疾病。定期消毒圈舍,定期对猪只投放小剂量预防药物,可预防育肥猪发生呼吸道和消化道疾病。如果在养殖过程中不注重圈舍空气质量的把控,使育肥猪长期生活在有害气体超标的环境下,轻者猪只的体质变弱,抵抗力下降,患病率增加,最终导致增重缓慢;重者会出现猪群呼吸系统疾病,甚至发生中毒现象。因此,饲养管理人员一定要保证猪舍的空气质量,降低猪舍内有害气体的浓度,尤其是在寒冷的冬季,通风换气的工作更需要被加强。值得注意的是在冬季通风的同时还要做好防风保温保湿工作。育肥猪圈舍的温度应该被控制在 16~20℃,湿度应该被控制在 60%~70%。通过以上措施,猪舍内有良好的空气质量及适宜的温度、湿度,育肥猪群体就会以旺盛的食欲、快速增长的体重及健康的体格给养殖经营者带来很好的经济效益。

4. 饲养密度的科学控制

在生猪的育肥阶段,因猪群的体重快速增大,猪群对占地面积也随之增加,故需对猪群饲养密度进行严格把控,以便适应育肥猪生长发育的需要。饲养密度的控制对于育肥猪来说极其重要,若过大的饲养密度会导致育肥猪的日增重下降,料肉比提高,猪群咬尾、咬耳等恶癖现象出现,更会导致舍内有害气体浓度增加,使猪患呼吸系统疾病的风险加大,随之使猪群生产性能受到影响,同时对猪的生长发育不利,最终导致育肥受到影响,这种现象尤其在炎热的夏季更为突出。在追求经济效益更大化的今天,过小的饲养密度,虽然有利于育肥猪的生长发育,但却不能将圈舍进行充分的利用,会造成资源的浪费,且在寒冷季节,也不利于圈舍的保温,从而带来经济效益的下降。所以,在育肥猪的饲养管理环节中,把控适宜的饲养密度是一项非常关键的工作。饲养密度的合理掌握可以在追求养猪经济效益的同时减少舍内有害气体的排放量,减少污染。一般需要根据猪个体的大小、饲养季节等因素来调控饲养密度,开放式带运动场的圈舍,占地面积为 1.66~1.96 ㎡/头,其他圈舍环境的,一般确保每只猪占地面积 0.9~1.0 m^2。通常是每个圈舍内不能超过 20 头猪。此标准可以根据具体情况适当增减数量,如可以在冬季,可适当增加饲养密度,而在夏季,则需要适当降低饲养密度。

5. 适时做好育肥猪驱虫

规模化猪场要定期对猪群进行驱虫,可有效预防寄生虫病对生猪的危害。猪场常见的寄生虫病主要有猪结线虫病、猪蛔虫病、鞭虫病、猪弓形体病以及猪疥癣病等。其中预防性药物驱虫是防治猪场寄生虫病的主要技术措施之一。在选择驱虫兽药时应遵循高效、安全、广谱、低毒以及减少猪群应激的原则。比如最常被选择使用的是通灭(芬苯达唑粉),其主要成分为伊维菌素加芬苯达唑的复方驱虫剂,通灭抗寄生虫范围更广,胃肠道线虫(猪蛔虫)、结节虫、猪鞭虫、猪肺虫(成虫)、猪肾虫(成虫)、猪疥螨、猪虱等包括成虫、幼虫等内外寄生虫都能通通杀灭。通灭一次使用,有效期达 18 d,覆盖了疥螨整个生活史。或者可以选择阿苯达唑伊维菌素预混剂,它不但能驱除生猪体内外的线虫类和螨虫早晚期幼虫和成虫以及原虫,而且其用药的安全性能好,养猪场可以放心使用。在生产一线,具体的做法是先对猪群做一次全面驱虫,再在育成猪肥育猪转栏前各驱虫一次。最好选用广谱、高效、低毒的药物进行驱虫,而且驱虫后的粪便及虫体要进行及时彻底的无害化清除,防止因为驱虫污染环境。

六、加强育肥猪疾病的预防

在当下集约化养殖模式中,育肥猪的饲养管理方式一般都是采用规模化的养殖方式,再加上育肥猪的周期短且生长快,疾病的发生将会给育肥猪的经济效益带来严重的损失。因此,除了提高育肥猪的饲养管理水平、严格控制养殖圈舍内的养殖环境,还需要提前预防常见疾病,及时对育肥猪进行疫苗接种,以减少疾病的发生,在促进育肥猪健康生长的同时带来经济效益的提高。

首先,要通过合理饲喂的方式增强体质,提高抗病能力,并定期对猪舍以及四周的环境进行严格消毒,严禁场外人员和车辆随意进出猪场。确需进入的,需要在进入前严格遵守消毒制度,在每批猪转出后或者出栏后都需要对圈舍及周围饲养环境进行全面彻底的消毒。其次,在高温季节,一般建议在育肥猪的饲料或者饮水中加入适量的生物制剂如电解多维,以增强猪群抵抗疾病的能力,以减少胃肠道及呼吸道疾病的发生。最后,在预防育肥猪疾病发生的环节中,最重要的是要根据本场的免疫计划接种相关的疫苗。在新引进育肥猪时,要对引进地区的疾病暴发问题进行调查,新引进的育肥猪要采取隔离饲养,待 1~2 月确认健康后再进行混养,避免引入带有传染疾病的猪。同时,还需要全面了解育肥猪的免疫接种情况,对没有接种过疫苗的育肥猪应采取疫苗接种处理,增强育肥猪的抵抗能力。

七、适时合理出栏

在整个育肥猪的饲养管理过程中,只有对每一个饲养环节进行精心调控,才能在养殖环节中产生最大的生长性能和最大的经济效益。但在育肥养殖管理的众多环节中,不同阶段的饲养管理又有所差别。比如育肥猪在出栏前的饲养管理就与其他环节有很多不同地方。在集约化的生猪养殖场,育肥猪的出栏需要实行全进全出的饲养方式,主要是为了有效控制传染性疾病的发生。

(一)出栏时间的合理确定

当育肥猪的日龄达到 180 日龄,体重达到 90~120 kg 时即到了出栏的日龄和体重,就可以全部出栏。所以合理的出栏时间的制定有利于更大的经济效益的产生。在制定育肥猪的出栏时间时应当重点考虑猪舍内外在相差不大的适宜环境温度。夏季最好选择早上、晚上或者温度适宜的天气出栏,避免在中午正热时出栏。而在冬天,需要在中午温度较高的时间出栏。采取这样的出栏时间可以避免生猪在出栏时发生应激。

(二)严格休药

药物残留问题在现代养殖中普遍存在,所以育肥猪在出栏前一定要严格进行休药,以保障食品卫生安全。按要求,在育肥猪出栏的前 3 d 需要向当地的动物卫生监督部门申报检疫,卫生监督部门需要凭用药记录及防疫证明出具"检验合格证明",养殖管理者凭此证明方可将育肥猪出栏上市。

当下在养殖的各个环节中,因临床上疾病种类的增多以及疾病病原的变异,造成了抗生素等药物的广泛使用,抗生素的使用能够降低疾病的发生率,减轻疾病发生后的严重程度,为养殖业提高经济效益提供保障。但抗生素虽好,却不能滥用。因为抗生素的不规范使用会造成其不能及时从组织机体中代谢出去,长期停留在组织器官中。如果在生猪出栏屠宰前未按规定要求进行休药,那么猪屠宰后被人们所食用,残留的抗生素也会给人的身体造成一定的毒副作用。故严格执行休药期管理在育肥猪饲养管理中尤为重要。只有经过休药期管理,育肥猪体内的药物才能够有充足的时间代谢出去,才不会因为人类食用猪肉而对人体造成一定的毒害。建议在临床上可以用中草药等制剂对发病动物和亚健康动物进行治疗,比如应用微生态制剂来调理猪群的胃肠道菌群等,或者应用一些免疫增强剂提升猪群自身的体质,减少疾病的发生,不要一味地使用抗生素来治疗疾病。

生猪育肥养殖是养殖生产的4大阶段之一,育肥猪的养殖管理水平决定着养殖场的经济效益。所以在实际养殖生产过程中,饲养管理人员必须重视育肥猪的高效管理。养殖生产中要想重视对育肥猪的饲养管理,一则需考虑自身养殖场具备的设施基础,二则应注意周边环境的客观因素。生猪进入育肥阶段后,因其体内各组织器官有了较高水平的改善和发展,虽然猪群在饲料的吸收及利用方面有了很大的提高,但在日常饲养管理方面依然不能松懈,更不能盲目,无规章可循。

日常饲养管理应从注重育肥猪生长发育规律、明确养殖技术要求、把控饲养管理技术的合理性、对饲养管理方案进行完善构建等方面着手。应注意营养搭配多元化,定时、定量、定质饲喂,主要采取生饲料饲喂,采食方式以前期实行自由采食,生长后期用限制饲喂的方式进行。同时,注意防寒、防暑、合理分群及适量运动。保持清洁舒适的群居环境,强化卫生驱虫,以预防为主,制订合理的疫病防控方案以满足育肥猪生长发育所需,尽最大可能提高生猪生产质量和增加养猪经济效益。

第七章

后备母猪的饲养管理

后备母猪是指选留后尚未进行配种的青年母猪,一般用于补充年龄较大、繁殖性能差或因疾病原因淘汰的母猪,从而使生产母猪群保持青壮龄的结构。后备母猪是经产母猪的基础,后备母猪的生产性能在很大程度上决定整个猪场的生产水平,因为后备母猪的好坏不仅影响第一胎的生产质量,还会影响其一生的生产力,所以后备母猪配种需要在选育、驯化、培育、消毒等各个环节合格通过并且达到配种日龄和体重,才能进行查情和配种。后备母猪第一次配种时会出现较多问题,因此做好第一次配种管理工作至关重要。本章就后备母猪的饲养目标、后备母猪的选育和科学饲养管理等内容进行阐述。

一、饲养目标

(1)选育具有稳定优良遗传基因的后备母猪。

(2)搞好饲养管理,后备母猪生长日龄到 220~230 d,体重到 130~140 kg/头,P2 点背膘厚度 18~22 mm。

(3)科学保健,自然发情率一般为 90%,在后备母猪第二或第三次发情时,开始配种。

二、后备母猪的选育

(1)生产性能。从饲料报酬、增重、出肉率、肉质、母性、泌乳力、窝产仔数、断奶体重及仔猪生长发育等各项标准优秀的公母猪后代中挑选后备母猪。提倡自繁自养模式,充分利用当地种资源。

(2)选择母性行为较好的第三胎或第四胎母猪的后代。在整个备选群体中,将母猪的第一胎和第二胎的所有产仔数与断奶仔猪数相加,从排名前10%的母猪中留种。挑选的后备母猪出生重1.5 kg及以上,28日龄断奶仔猪体重8 kg左右,70日龄体重28 kg以上,在220~230日龄,体重130~140 kg/头,P2点背膘厚度18~22 mm为生长发育良好。

(3)外观体型较好,符合品种特性,体躯宽大,背腰平直,体质健壮,被毛有光泽,不肥不瘦,无遗传疾病,同时审查其祖先确定无遗传疾病。合格乳头达7对以上且排列整齐,无瞎乳头和副乳头。外生殖器发育良好,阴户大且饱满。

(4)如果选择场外调运,还需要注意查看引种场是否经过国家验收且持有种猪生产和销售许可证的原种猪场。引进要趁早,引种时要进行严格的消毒,引进的种猪,必须在隔离舍隔离饲养30 d以上,由专人饲养和管理。隔离饲养期间,观察其是否跛行、腹泻、喘气,并进行猪瘟、口蹄疫、蓝耳病、圆环病毒病、伪狂犬病及喘气病等病原学监测,及时了解引种场和本场是否有重大疫情的隐患。

(5)母猪的自然发情率为90%左右,首次配种宜用自然交配,为提高受胎率和利用率,一般在第二或第三次发情时再进行配种。

三、后备母猪的科学饲养管理

后备母猪处于生长发育阶段,全面优质的饲料对母猪的形体和生殖发育至关重要,而现代化的科学饲养管理可以让母猪早发情、多产仔,以及缩短产仔的间隔,能更好地发挥母猪的生殖潜能。

(一)后备母猪的防疫与驱虫

后备母猪的疫苗接种防疫非常重要,一是对后备母猪自身的疫病预防;二是母猪会通过母乳将抗体传递给胎儿,新生仔猪以此获得免疫力;三是避免某些疫病通过垂直传播将疫病带给仔猪,所以后备母猪的防疫对于整个猪场的正常运转非常重要。

大多数猪场都会根据免疫程序开展防疫工作,但是免疫效果却有差异。要想提高整个猪场的免疫效果,可以从以下几个方面着手:一是制订合理规范的免疫计划,条件允许的规模猪场最好参照往年的抗体检测结果进行制定;二是疫苗保存、稀释要符合说明书要求;三是注射部位、注射方式及注射的剂量都要按照标准要求进行规范操作;四是有条件的猪场可在配种前进行免疫抗体血清学检测,了解免疫情况,以确保母猪产生足够的抗体,确保胎儿获得足够的免疫力。实施免疫前,要再次对后备母猪进行评定,不合格的转为商品猪。评定主要以外貌(主要是精神状况)、体形、肢蹄、乳头、外阴、健康状况及生长速度等为主。经过评定,对合格的后备种猪实施免疫、保健及驱虫程序。

(二)后备母猪的饲养方式

后备母猪实行小群饲养,根据圈舍大小、强弱确定饲养头数。一般5~7头/栏为宜,体重115~135 kg/头,占地面积为3.7 ㎡/头,以备母猪有足够的锻炼空间,同群猪体重差异最好不超过2.5~4.0 kg。随着年龄的增长,逐渐减少每圈的头数,地板要防滑,最好有垫草或垫料。

(三)后备母猪的营养需要

保障后备母猪的营养需求,一是为了保持满足身体的正常发育;二是为了后期配种产仔做准备。在后备母猪体重达 60 kg 之前可以采用育肥猪料,当体重超过 60 kg 之后就要采用专门的后备母猪料进行喂养。后备母猪每日消化能摄入量不得少于 35 MJ/kg、粗蛋白 15% 及赖氨酸 0.8%,还需要补充矿物质元素钙、磷及维生素,促进母猪骨骼发育和生殖系统的发育,防止母猪肢蹄病和繁殖系统性疾病,促进母猪发挥生殖潜能创造效益。后备母猪开始生产时消耗较大,需要储备一定的脂肪,因此在饲料喂养时需要添加一些脂肪,可以提高母猪的繁殖力,延长繁殖年限。

在后备母猪的饲料中添加一定含量的脂肪有利于母猪的初情启动,添加一定含量的淀粉能够促进母猪的卵泡发育成熟,同时还能促进排卵。在饲料中添加豆油和可溶性纤维,能让同一养殖场的母猪发情时间集中,这样不仅利于管理,还能降低初产母猪的弱仔数量。

后备母猪氨基酸添加主要与母猪的品种、各阶段的体重、饲喂方式及母猪需要达到的目标有关系。后备母猪维生素的需要特别是与繁殖相关的有维生素 A、β-胡萝卜素、维生素 D、维生素 E、维生素 K、叶酸、生物素及胆碱,其中维生素 A 是一切上皮组织生长健全所必需的营养物质。当母猪的生殖系统缺乏维生素 A,生殖系统等组织就会发生鳞片状角质,引发炎症导致母猪的免疫力降低。添加适量的维生素 A 或者 β-胡萝卜素,不仅能够促进排卵前的卵泡发育,同时还可以改善早期胚胎发育的一致性,提高胚胎的成活率,最终以提升母猪的繁殖性能。维生素补充方式的不同对养殖产生的效果亦不同,研究表明注射的效果优于口服。维生素 E 具有较强抗氧化作用,因而在母猪体内发挥着重要作用。有研究发现,给母猪提供高水平的维生素 E 饲料不仅能够提高母猪窝产仔数及产活仔数,而且能够降低乳房炎、子宫炎及无乳综合征(MMA)的发病率。母猪维生素 E 的缺乏不仅会导致卵巢机能下降,出现性周期异常,而且母猪不能正常受精导致胚胎发育异常甚至出现死胎。维生素 D 能促进母猪对钙的吸收,对母猪骨骼形成和肢蹄健康非常重要。母猪在妊娠早期需要补充大量的叶酸,叶酸能够降低胚胎早期死亡率,在提高产仔数的同时也能减少畸形仔猪的发生。生物素是母猪最重要的维生素之一,在饲料中添加生物素可改善母猪蹄部的硬度及皮肤、被毛的光泽,而且还能影响母猪的窝产仔数、受胎率和发情间隔等繁殖性能等。胆碱属于 B 族维生素,能够促进胎儿生长发育,在母猪妊娠中期可减少胎儿死亡。核黄素对于后备母猪也非常重要,缺乏核黄素会导致后备母猪不发情甚至生殖力衰竭。

后备母猪对矿物质钙、磷、硒、铜、锌的需要量也较高,储备矿物质除了满足其基本的生理生长需要,也对其以后的繁殖力和免疫力有帮助。母猪在分娩前因盆腔的发育不完全容易导致难产;肢蹄不健康也会导致母猪被提前淘汰。母猪在整个繁殖过程中,其机体的矿物质代谢一直处于亏损状态,产后母猪以及使用年限较长的母猪出现肢蹄疾病主要与后备母猪时期体况培育不到位有关系,因此,在后备母猪阶段需要沉积更多的钙和磷。硒和维生素 E 的缺乏会导致母猪内分泌系统的生殖激素分泌异常,从而导致母猪乳房炎、子宫炎以及无乳综合征的发病率上升。锰是胆固醇和胆固醇前体活化的重要物质,缺锰会抑制胆固醇的合成,造成卵巢产生类固醇的激素分泌异常,导致母猪发情周期紊乱。长期缺锌会使酶的合成受到影响,导致母猪卵巢萎缩及卵巢机能减退,缺锌还会影响垂体促性腺激素、促卵泡激素和促黄体激素的合成。

(四)后备母猪的限制饲养

限制饲养主要有三种方式,即限量、限时、限质。限量就是限制每顿的饲喂量,限时就是限制饲喂时间,限质就是不破坏日量的营养结构平衡。对后备母猪限制饲喂主要有两方面原因:一是防止后备母猪过肥,后备母猪过肥不但会影响后备母猪的正常发情,还会在怀孕后会影响胎儿的发育。二是防止因为后备母猪过肥导致肢蹄病的发生而被淘汰。限制饲养具有针对性,主要是针对过肥的母猪。对过瘦的母猪进行限制饲养可能对母猪造成影响，导致母猪营养不良，甚至可能损伤母猪的繁殖功能。生产上通常采用限质的较多，这样不仅控制了母猪对营养的摄入，也不影响其胃肠道的容积。

（五）后备母猪的生活环境

要求圈舍通风、干燥、卫生、光照充足，温度 18～20℃ 为宜，湿度一般为 70% 左右为宜。后备母猪对温度、湿度较为敏感，这常常会影响到母猪发情。猪本身属于恒温动物，但由于遗传因素的影响，母猪的皮下脂肪较多，汗腺却不发达，当夏季炎热高温时，其产生的体热不能通过出汗的方式排泄出去，同时皮肤的浅表血管以及浅层肌肉血管出现扩张，引起呼吸张力的下降甚至导致心力衰竭，血氧浓度明显下降。当猪长期处于高于它本身的耐受温度时，对猪的体温调节和热应激影响较大，这也是导致种猪夏季生产性能下降的客观原因。而到了冬季，猪圈就要进行保温。

（六）后备母猪需要适量的运动

母猪在每次饲喂完 1 h 之后，需要保持适量的运动促进消化，增强母猪体质，预防疫病的发生。在夏季，可以定期把母猪从猪圈里放出来，到空旷的区域运动。冬天可以在运动场自由活动，每一个圈舍里的母猪一起放出来活动，一个星期至少 2～3 次。

（七）后备母猪的调教

为了让母猪在繁殖期间方便管理，在饲养期间养成良好的生活习性，在喂食时，可以用口令教化或者抚摸的方式，让母猪在固定地方吃食，同时让其适应饲养管理人员，方便后续的接产、护理。让母猪保持良好的生活习性，即在指定位置睡觉，培养良好的排泄习惯，保持猪圈的清洁卫生。

第八章

配种和妊娠母猪的饲养管理

母猪配种管理的目的是用健康的公猪与符合种用体况的母猪适时配种以提高受孕率和产仔数,妊娠管理的重点在于控制流产的发生,以提高仔猪成活数和出栏率。妊娠母猪的饲养管理主要是保证胎儿在母体内顺利着床并正常发育,防止流产,提高配种分娩率。妊娠母猪后期要进行泌乳哺育仔猪,此时应保持中上等体况,确保每窝都能生产尽可能多的、健壮的、生命力强的、初生重大的仔猪。本章就配种和妊娠母猪的饲养目标,母猪的诱导发情,配种和饲喂管理等内容进行阐述。

一、饲养目标

(1)保证胚胎能正常着床,成活。

(2)母猪能有较好的营养储备,能减轻母猪的分娩困难,降低生产中乳腺炎的发生。

(3)母猪在断奶后 7 d 内发情的比例为 85% 以上。

(4)分娩率在 85% 以上,窝产健康仔猪数,初产母猪为 9.5 头/胎,经产母猪在 10 头/胎,平均出生重为 1.20~1.45 kg/头,出生时体重在 1 kg/头以下的仔猪比例小于 6%~8%。

二、母猪的诱导发情处理

(一)后备母猪促进发情排卵的措施

在实际的养猪生产中,后备母猪发情推迟较为常见,推迟时间短的一般为1~2个情期,时间长的可能在后备母猪12月龄时仍未出现发情表现。结合生产经验以及相关资料文献,猪场常见的比较实用的诱导母猪发情的方法有以下几种。

1. 增加圈舍内的光照强度,延长光照时间

光照强度和光照时间对后备母猪的发情影响较大,现代化规模养猪场圈舍的跨度较大,而且窗户面积一般都比较小,导致圈舍内的光照强度不足,影响母猪性激素分泌不足,从而导致不能正常发情。生产中解决该问题主要有两种方法:一种是通过增大圈舍窗户面积来提高采光率,但是此方法可能会影响猪舍冬季的保温效果。第二种方法就是通过增加人工光照,这种方法因为简便易操作被大多数猪场采用,但是增加了养猪成本。除以上两种方法之外还有一种方法就是定期对母猪进行圈舍外活动,对刺激发情有一定的效果,但这种做法通常会给猪场的档案管理带来一些麻烦,而且可能会导致某些疫病的传播,在实际生产中应用不多。

2. 公猪刺激

采用公猪诱导发情的方法较好,一般诱情公猪选用的标准是性欲较强、肢体动作较为丰富的公猪。公猪刺激也有两种方法,一种是身体接触,让公猪对母猪进行爬跨。另一种就是驱赶公猪从母猪的圈舍走过或者在栏杆外进行刺激,这种方法可以让已经发情的母猪表现发情症状,但是对于没有发情的母猪则没有太大的作用。因此在猪场的实际生产中,配种人员要根据母猪发情的不同阶段选择适合的诱情方法。

3. 增加饲料中维生素和矿物质的含量

增加饲料中维生素和矿物质的含量,特别是维生素 E、维生素 A 和硒。一般情况下,饲养场都采用全价料进行饲喂,因为全价料的营养比较全面,而硒对于后备母猪来说与维生素 E 的作用较为相似,补充硒可以降低后备母猪对维生素 E 的需求量,同时减轻因为缺乏维生素 E 给后备母猪带来的影响。因此,为了后备母猪能发情良好,需要在其饲料中补充相应的维生素 E、维生素 A 和硒等微量元素。

4. 适量增加后备母猪的运动量

增加运动不仅可以锻炼身体,激活器官活力,而且能促进下丘脑分泌促性腺激素释放激素,这种激素能促进促卵泡激素的释放,促进母猪发情。

(二)促进经产母猪发情的处理措施

除了初产母猪使用的诱导发情方法外,经产母猪还需要注意以下几点:

(1)为了减轻母猪的生产负担,要将仔猪进行提前断奶处理,让母猪尽早发情。目前宜将母猪的哺乳期控制在 28 d 以内甚至更短。

(2)实行并养寄窝处理。工厂化饲喂一般产仔较为集中,可以让产仔少、泌乳力较差的母猪在吃完初乳之后将两窝并养,让一头母猪喂养,不带幼仔的母猪提前进行发情进入下一轮的生产准备。

(3)按摩乳房促进发情。对于不发情的母猪可以每天早晨饲喂后进行乳房按摩,用手掌表层按摩每个乳房持续 10 min 左右,几天之后如果有发情表现,在深表层按摩每个乳头每天 5 min 左右。配种当天再一次深层按摩 10 min 左右。进行表层乳房按摩能刺激脑垂体机能,促进卵泡的成熟,促进母猪发情。深层按摩主要以指腹为主在乳头周围进行转圈按摩乳腺,促进脑垂体作用,分泌黄体生成素的分泌,促进母猪排卵。

(4)药物处理。有些母猪可能因为子宫炎引起配种之后不孕,这种情况可以在发情前 1~2 d，用 1% 的食盐水或者 1% 的高锰酸钾冲洗子宫，再用 100 mL 的蒸馏水加 1 g 的金霉素注射到子宫内，间隔 1~3 d 再进行一次，同时口服磺胺类药物或者注射抗生素。

（三）母猪的发情鉴定

现代化的科学饲养管理技术足以让母猪早发情、早配种、多产仔，还能让产仔间隔时间缩短。然而生产中对于配种时间依旧难以把握，特别是采用现代化的人工输精方法，更要准确把握配种时间，如果时间把握不准，往往会导致母猪的漏配或者误配。鉴定母猪发情三步法：一看（主要观察母猪的变化，特别是阴门），二摸（进行压背，观察母猪反应），三试情（用公猪进行爬跨）。从母猪上一次发情开始到下一次发情开始的这一段时间，称为一个发情周期，也叫性周期，大概为 21 d。一个发情周期又大致分为四个阶段，即发情前期、发情期、发情后期和乏情期。

1. 发情前期

发情前期，母猪通常会表现出兴奋好动，在圈舍来回走动，并且不停地进行哼叫；食欲减退，乱拱饲料，吃食不专心、不安定。这个时间段母猪输卵管内壁的细胞生长，纤毛数量增加。子宫角蠕动变得活跃，而且子宫黏膜内的血管分布增加，阴道上皮细胞开始增生变厚。母猪的阴户也由浅红色变为深红色，而且变得肿大，流黏液，但是此时的母猪却不接受公猪爬跨。

2. 发情期

随着发情时间延长，母猪的食欲显著下降，有的甚至不进食，不停在圈舍走动，卧立不安，爬栏、拱地、频繁排尿，外阴部充血，呈紫红色，分泌物较多，触摸背部时静立不动，此时接受公猪的爬跨，允许交配，此刻配种受胎率最高。分泌物的颜色很重要，如果分泌物的颜色发黄而且混浊不清亮，此时应该停止配种并且要对母猪子宫进行治疗或者选择淘汰。生产中采用晚上配种，在白天分娩的可能性较大，这有助于产时护理。要进行一次重复配种，确保母猪能够受孕,间隔时间一般为6~18 h为宜。

3.发情后期

此时母猪变得安静,喜欢静卧,食欲恢复正常,母猪的性欲降低,外阴部也恢复正常,交配欲消失,拒绝公猪接近或者爬跨。此时卵泡腔开始充血并形成黄体。

4.乏情期

亦称为间情期,指从本次发情症状消失到下一次发情症状出现的时间段。在发情之后,黄体逐渐开始萎缩,新的卵泡又开始发育,母猪精神状态完全恢复正常,一直过渡到下一个发情周期。

生产中因为母猪的个体差异,一些母猪出现发情但是表现不明显,这就需要进一步深入观察判定。母猪的发情症状一般有明发情表现和暗发情表现两种,对于明发情的母猪较好鉴别配种,而对于暗发情的母猪,发情一般是由于卵巢分泌的动情素引起,动情素主要作用是促进雌性物种副性腺器官的发育,对母猪可引起发情。暗发情除了会出现发情时的阴户红肿和分泌物之外,有的母猪接受公猪爬跨而有的可能不接受,再无其他明显的临床症状,对于暗发情的母猪一定要做到仔细观察,认真辨别,以免错过配种时间。

三、配种

(一)配种技术

交配方法有本交和人工授精两种。本交又分为自由交配和人工辅助交配。自由交配,即公猪母猪直接交配。人工辅助交配主要是人为先将母猪赶入交配区域后再赶入公猪,等公猪开始爬跨时,人为将母猪的尾巴拉向一侧,让阴茎顺利进入母猪阴户中。初次参与配种的青年公猪性欲旺盛,但是经常会出现爬跨不入,对公猪的体能消耗较大,同时母猪也可能会因为身体无法支撑而导致配种失败。因此,人工辅助青年公猪交配较为重要。

互相交配的公母猪,体格差距不宜过大。遇到雨雪不良天气时配种最好在室内进行;夏天一般选择在早晚进行,配种后不能立即洗澡或躺窝。

人工授精技术是指不需要公猪直接参与,通过器械将公猪的精液输入母猪宫颈口的方法。人工授精的主要优点是:

(1)避免了疫病的传播。公猪的精液可能会携带多种致病病原体,而且有些病原体容易通过黏膜传播或者母畜垂直传播给仔猪。人工授精方法虽然不可能完全避免疫病的传播,但可大幅降低感染风险。

(2)发挥公猪优势。利用杂交优势,发挥优秀种公猪的繁殖潜力,逐步改善猪群优良品种。也可以通过输入优良种公猪精液完成目标,这样也可以少饲喂公猪头数,提升经济效益。

(3)降低交配时产生的应激。在自交过程中,公母猪体格差距较大会造成较大的应激反应,不利于公母猪的生长发育,采用人工授精技术可以避免应激的产生。

(4)及时淘汰不育公猪。每次采精之后都要进行精液常规检查,可以提前发现不育公猪,及时淘汰降低损失。

(5)保证品种的一致性。人工授精可以实现整个猪场品种的一致性,保障肉质的安全。

在人工授精时缺乏公猪效应,多次输精的优势明显,深部输精(限两胎之后使用)应推广,特别是规模化的养殖场,采用人工授精技术是一项提高经济效益的有效措施。

(二)后备母猪的配种

后备母猪配种时间因为品种的不同而有差异,引进品种和培育品种,一般的配种时间为 8~10 月龄之间、体重 120 kg 左右,而杂交品种配种时间相对较早一些,通常为 6~8 月龄、体重一般在 100 kg 左右。过早配种可能会对母猪的生长发育产生影响,而且早配的母猪排卵数较少,乳腺发育不完全,产奶量低,一般情况下第一胎低产会对后期的繁殖性能造成一定的影响,通常生产中对后备母猪首次配种都采用自然交配。后备母猪第一次配种时的身体状况会影响其终身的生产性能。如果第一次配种时,母猪没有足够的身体储备,通常达不到正常水平的胎次和产仔数。在第二或第三次配种母猪5个胎次的总产仔数相比较会多产出9头仔猪,相当于多产一胎。在配种前2周实施短期优饲,可以促进排卵。在后备母猪170~180日龄开始与成年公猪接触,连续刺激22 d,每天15~20 min,以促进后备母猪发情;不发情的后备母猪注射PG600,10 d后如果再不发情应及时淘汰。做好后备母猪的发情登记,第二次或第三次发情时再做配种。

(三)经产母猪的配种

经产母猪因为常年处于生产状态,要求母猪断奶后发情越快越好。为了促进母猪在断奶后尽快发情并且多排卵,通常在断奶之后继续饲喂泌乳期饲料,在配种准备阶段要饲喂营养价值全面的日粮,而且要让母猪充分吃饱(不能大幅降低饲料量),按这种水平一直饲喂到配种。母猪也不能过肥,过肥容易出现不发情、排卵数量少、卵子活力差或者空怀等状况。过瘦可能会出现发情推迟等其他不良状况。

经产母猪的最适配种时间一般在发情后的16~32 h。配种时需要注意几点:一是在配种的当天尽量让母猪保持空腹,以减少母猪腹部的压力,避免精液外流,这样可以提高母猪受孕概率。二是母猪配种后要少量投喂饲料,以免能量过高而影响其受孕,在母猪产仔后要及时做好消炎工作。

四、妊娠母猪饲喂管理

母猪在妊娠后自身的新陈代谢旺盛,对饲料的利用率高,蛋白质的需求和合成也相应增加,食欲旺盛,生产管理得好,将会对母猪受胎率、产仔数、产活仔数、仔猪的初生重以及产后母猪的泌乳性能都有很大影响。

一般初产母猪在整个妊娠过程中增重35~50 kg,经产母猪一般为26~40 kg。一般在妊娠开始到30 d 主要是受精卵从受精部位移动附植在子宫角位置并逐渐形成胎盘的时期,在胎盘还没有形成前很容易受到外界环境的影响。饲料、外界刺激以及高热都会影响胚胎的正常生长发育或者导致胚胎的早期死亡,这个阶段的胚胎发育和母猪的体重增加都比较缓慢,不需要额外进行增料。30~70 d,是胚胎发育各种组织器官的时期,胎儿自身体重不大,母猪的体重增加得比较多。妊娠70 d 之后到生产之前,胎儿体重增加较快较多,仔猪的初生体重80%左右都是在这个时间完成的,而且胎盘、子宫以及其他内容物也在这个阶段增长。

高温对母猪在配种后3周和产前3周的影响最大,最适宜母猪生活的环境温度一般为15~18℃。配后3周高温会增加受精卵的死亡,影响胚胎的附植;产前3周仔猪生长较快。夏季母猪因为抵抗热应激会减少子宫的血液供给,容易造成仔猪血液供给不足、衰弱甚至死亡。冬季主要是预防母猪的发烧或者高烧的出现,母猪为了抵御寒冷血管收缩,血液循环下降,抵抗力下降从而诱发疾病。冬季主要就是保持圈舍干燥温暖,湿度平均保持在70%,温度保持在22℃左右。为了保持圈舍的温度,冬季一般进行封闭养殖,但是要定时通风,让猪产生的有害气体及时排出,避免呼吸道疾病的出现。

配种后进入妊娠圈舍饲养,6头/栏,体重115~225 kg,占地面积为2.2㎡/头;减少应激反应,做好各项防疫措施,控制疾病的传播和流行。周围有大的疫情时,可以根据实际情况,提前在饲料中投放预防药物。妊娠期日粮中可以添加活菌制剂,调理妊娠母猪的消化道功能,提高日粮的消化吸收率,降低便秘的发生,如:酶制剂、酵母制剂等活菌制剂最好。

在18~24 d 或者38~44 d 时,注意观察妊娠母猪是否出现返情情况。鉴定母猪返情常用方法是：

（1）在配种后18~24 d用公猪进行试情，观察母猪是否发情。

（2）观察母猪的外阴部是否出现红肿，母猪的饮食是否正常以及行为是否不安等反应进行判断。一般受孕成功的母猪性情温顺，喜欢睡觉，食欲大增。

（3）原则上已配母猪要看两个发情期（42 d），以此来减少空怀母猪。

（4）怀孕母猪的心音增快，腹部会增大（第6周显怀），站立时母猪的腰部会内陷，肚子下沉，尾部夹紧，两个月以后母猪的乳房会慢慢隆起，喜欢静卧休息，仔细观察可以看到胎动。

（5）通过观察，不能确定的，可打一针催情针，仍旧不发情的则确认为受胎成功。

妊娠母猪管理需要细致、有耐心，防止惊吓，严禁鞭打，不要剧烈运动，防止打架，预防流产。当然妊娠母猪也要进行适量的运动。妊娠的前30 d主要以恢复母猪的体力为主，要让母猪吃得好、睡得好、运动少。此后就要让妊娠母猪有充分的运动，一般建议每天运动1.5 h左右。而到了妊娠的中后期就要减少运动，让母猪自由活动，在临产的前1周停止运动。

妊娠母猪一定要限制饲料量。饲喂方法要求早晚各一顿，以湿料饲喂。妊娠母猪的饲料要求较高的蛋白质、矿物质、维生素及纤维素。母猪妊娠期间饲料中粗蛋白含量为12%，如果母猪在妊娠期间长期缺乏蛋白质，将会对哺乳猪仔造成影响，而且对以后的繁殖性能及后续的产仔能力产生较大的影响，这种现象对于初产母猪的危害更大。而蛋白质过高不仅会增加饲料的成本，同时也会增加氮的排放量。猪对蛋白质的需要，实际是对氨基酸的需求。生产中要想获得最好的生产性能，饲料中就必须提供足够分量的必需氨基酸，同时还需要提供合适配比的其他营养物质。

钙离子不仅是母猪黄体酮合成的必需物质，同时也是卵母细胞发育成熟不可或缺的物质。妊娠母猪对钙、磷的需要会随着胎儿的长大而逐渐增加,到妊娠后期需求达到最大。胎儿的骨骼生长发育需要大量的矿物质,例如初生的仔猪体内矿物质含量为3%~4.5%,其中钙、磷占了80%左右,而且母猪本身在妊娠期间体内也需要储存大量的钙、磷,含量为胎儿需要的1~2倍。饲料中缺乏钙、磷不仅影响胎儿的骨骼发育和母猪体内钙、磷的储备,严重的可能导致胎儿发育受阻,造成仔猪先天性软骨症、死胎或者出生的仔猪生活力弱,同时也会造成母猪的健康状况差,容易发生产后瘫痪、骨质疏松或者缺奶,影响后续生产。因此,妊娠母猪饲料中必须添加足够分量的钙、磷,钙磷的比例以(1~1.5):1为宜。

添加维生素一般指添加维生素A、维生素D和维生素E,它们不仅影响妊娠母猪的身体机能代谢,同时也能直接影响胎儿的正常发育。母猪体内维生素A或者β-胡萝卜素含量较高时有利于胚胎的存活。当母猪体内的维生素A严重缺乏时,受精卵的发育会受阻。对于初产母猪来说,饲料中的维生素A含量低于最低需要量的5%~10%,容易引起胎儿的小眼症,严重的可能导致胎儿眼瞎。胡萝卜素或者维生素A缺乏时,也会引起母猪子宫或者胎盘角质化,这不仅影响胎儿对母体营养的吸收和利用,导致胎儿畸形、怪胎、眼病、抗病力和生活力降低,甚至会引起母猪流产或者产死胎。维生素D主要影响胎儿的骨骼发育;维生素E的缺乏会增加胎儿的死亡率,发生胎盘坏死甚至出现死胎。

母猪在妊娠期间给予低纤维的饲料能导致革兰氏阴性细菌的繁殖,增加内毒素,抑制催乳素的产生,导致母猪产后无乳。

减少死胎、"木乃伊"的出现,统计数据显示,母猪在妊娠期有40%左右的胚胎会死亡,一般在胚胎形成的初期、器官分化时期以及胎盘停止生长时期都可发生。死胎、"木乃伊"胎出现的原因主要考虑遗传因素、营养问题、疾病原因以及饲养管理和环境等,因此,母猪妊娠期间要认真负责管理,减少死胎、"木乃伊"的出现。

做好驱虫和灭虱,猪蛔虫以及猪虱等体内外的寄生虫都会影响到母猪的消化系统、身体健康以及疾病的传播,而且母猪还会将寄生虫传播给仔猪。因此有必要在母猪配种前或者妊娠中期进行一次驱虫,平时做好灭虱工作。

在母猪妊娠的最后2周,在饲料中添加一定的脂肪有助于提高仔猪的初生重和存活率。原因在于随着母猪血液循环顺着脐带进入胎儿中的脂肪酸含量增加,这有助于提高胎儿组织合成所需要的酰基甘油以及糖原含量,能让初生仔猪获得更多的能量,有利于仔猪初生后尽快适应新环境。同时,母猪的初乳和常乳中的脂肪含量也会相应地增加。

同时注意一定不能给怀孕母猪饲喂发霉、变质、腐败、冰冻或者是有强烈刺激性的饲料。有条件的情况下,每天饲喂 $0.5 \sim 1.0$ kg 青绿饲料对妊娠母猪非常有利。同时也要注意不能在母猪妊娠期间频繁更换饲料,这不利于母猪的消化。

胎儿在妊娠过程中获取所需营养主要依靠两种途径:一种是增加胎盘血管、子宫内膜血管的密度来完成营养运输;另一种是通过增加胎盘的大小。通过营养获取使得胎儿的肌纤维发育得到改善,从而使仔猪在出生断奶后期生长速度加快。如果在此阶段高能量、高蛋白饲料的摄入过多必将影响哺乳期的采食,二者之间呈现负相关,在饲喂过程中要及时调整,营养均衡很重要。

第九章

哺乳母猪的饲养管理

哺乳母猪一般指怀孕母猪分娩后,并处于哺乳期的母猪。哺乳母猪除维持本身消耗外,每天还要产出 5~8 kg 乳汁。如饲养管理不当,营养物质供给不足,就会直接影响到母猪的泌乳量、仔猪成活率、仔猪断乳体重,以及断奶后母猪的正常发情和配种。因此,加强哺乳母猪的饲养管理是提高养猪经济效益的重要环节。本章就哺乳母猪的饲养目标,管理,异常情况处理和母猪的淘汰等内容进行阐述。

一、饲养目标

哺乳母猪日采食量为 5 kg 以上(未达到目标采食量的,要提高日粮的营养浓度,或改善环境设施条件以及饲养管理方法,争取达到目标采食量),最大限度控制母猪体重,防止掉膘。产后体重与断奶体重的差异不得超过 10~15 kg,P2 点背膘厚不得低于 18 mm(用测膘仪测量),分娩时应当达到 24 mm。哺乳母猪的管理要点:

(1)一定要准确确定母猪的分娩时间,做好接产所需物品和人员的准备。

(2)科学接产,注意消毒和卫生,加强母猪的保健。

(3)管理母猪要科学细心,预防各种疾病的感染。

(4)加强母猪的营养饲喂,提高母猪的泌乳量。

(5)给予母猪和幼仔舒适的环境,确保仔猪成活。

(6)做好仔猪及时断奶工作,让母猪尽早发情。

二、哺乳母猪的管理

哺乳母猪的饲喂非常重要,因为母乳是乳猪的主要营养也是唯一营养来源,哺乳母猪的营养还影响到下一胎的质量,因此哺乳母猪饲喂管理尤为重要。

(1)产前1周到断奶后配种当天需要为母猪提供优质合理的哺乳期日粮,以供哺乳需要,尽量减少母猪背膘损失,为下一个生产周期做准备,哺乳期日粮让母猪自由采食,4~5次/天饲喂。产仔当天开始尽可能让母猪多吃料,直至仔猪断奶。夏季尽量选择早晚凉爽时多饲喂,每天统计母猪的采食量,日采食量最好能在6~7 kg。日采食量低于5 kg时可在喂料的同时再撒一把粉碎的豆粕或在饲料中添加0.5~1.0%血浆蛋白粉,同时还要采取弥补措施,包括提高日粮营养浓度,改善和提高饲养管理方法及小环境、改变日粮的形状和状态等,主要目的是提高母猪的采食量。哺乳母猪的饲料配比要相对稳定,不能频繁更换饲料品种,不喂发霉变质的饲料,以免因为母猪食用引起乳汁变质导致仔猪腹泻等疾病的发生。

(2)哺乳母猪饲料中粗蛋白的含量影响母猪的泌乳量和乳汁中蛋白的含量,哺乳母猪饲料中的粗蛋白含量以16%~19%为宜。随着饲料中蛋白质含量的升高,在整个哺乳过程中,乳汁中的脂肪含量、干物质含量也会明显提高。母猪的泌乳量不仅受饲料中蛋白质的影响,当饲料中的能量浓度不足时也会限制母猪泌乳能力。

(3)在预产期(妊娠114 d)前1周将母猪赶入消毒好的产房内,让母猪适应产房环境和饲料配比。做好产房卫生工作,保持舍内和产床清洁干燥,粪便及时清理,一般清理工作从健康母猪开始。在母猪临产前2天减少饲料量,这样有利于母猪顺利分娩,还可以减少母猪乳房炎的发生。

（4）俗话说："奶头炸、不久下"。当母猪乳房肿胀并且靠后的乳头能挤出奶了，就可以准备接产。接产所需要的工具、药品都要准备齐全且分娩仔猪时母猪跟前不能离人。接产时首先要给母猪的乳头和外阴部进行消毒，接着进行弃乳。当仔猪出生时按照接产程序剪断脐带并用碘酒消毒，用事先准备好的消毒毛巾对仔猪进行清理，红外灯下烘干，一旦仔猪毛烘干立即让其吃奶。在接产过程中可能会遇到假死的仔猪，一般表现为四肢不动，脐带微颤，此时应该立即进行抢救。具体方法是：第一步，擦干净仔猪身上的黏液，并及时清理鼻腔、口腔；第二步，倒提后肢并进行适度拍打，按压心脏，弯曲身体或者用高压气枪向仔猪的鼻孔充气；第三步，进行药物抢救，一般常用肾上腺素、安钠咖等进行注射。

（5）在分娩期间也要不断地揉母猪的乳房促进其尽快生产，母猪的初乳是仔猪获取能量、维持体温以及自身代谢、获得被动免疫的重要来源。由于猪胎盘上的皮绒毛阻止胎盘抗体转移，因此在仔猪出生的第1周，需要从初乳中获取免疫抗体。初乳对仔猪特别重要，因此在分娩后24 h内一定要让每一头仔猪吃足15次左右的初乳，每次大约15~20 mL，特别是弱小和后出生的仔猪。初乳与常乳相比较主要有以下几个特点：①初乳的营养成分更全面、更丰富，让仔猪尽快吃上初乳能及时补充大量的营养物质；②初乳中含有大量的免疫球蛋白Ig G和Ig A、Ig M，在未进行免疫接种时让仔猪获得免疫力，这也是仔猪对抗病原的最重要的物质；③初乳中含有缓泻成分的镁盐，利于仔猪胎粪的排出，而且对于促进消化吸收也有一定的帮助。虽然同样是初乳，但是第1天的初乳相比第2天、第3天的营养成分最多，第3天的最少。因此才有了必须在第一次吃奶时吃饱初乳的要求。

（6）母猪产仔时期也是母猪身体最脆弱的时候，很容易被各种病原体侵袭，生产中常用的产后保健方法有注射青链霉素、在饲料中拌药、注射长效抗生素或一杯法加药等,这几种方法各有优缺点。注射青链霉素是较早的方法,效果也较为理想,但不足之处在于青链霉素维持的时间较短,每天需要注射两次,最少连续注射 3 d 左右。注射时一开始比较容易,随着注射次数的增加,注射就会变得较为困难。饲料中拌药也是曾经被推崇的方法之一,但是这种方法的弊端较为明显,比如猪采食不均,无法控制加药量,特别是体质较差、食欲不强的母猪更起不到作用。注射长效抗生素是目前较理想的方法,但是成本较前面的两种方法较高。一杯法加药是对饲料中拌药方法的改进,在饲喂时将 1 d 的用药量一次性加到饲料中,而且要保证母猪能够吃到,不便之处在于不仅要求饲养管理人员要有责任心,同时也加大了他们的工作量。

(7)一般母猪有 6~9 对乳头,每个乳头都有对应的乳腺,每个乳腺由 2~3 个乳腺团组成,乳腺之间互不相连,每个乳腺仅有 1 根独立的乳腺管通往乳头。乳腺发育良好的才会有好的乳房,乳腺的发育主要发生在 3 月龄到初情期、产前一个月以及哺乳期这 3 个时间段。在乳腺发育期间,雌激素、催产素以及松弛类激素是必须的。后备母猪的完全发育决定着母猪的生产性能,因此后备母猪的乳腺发育对于仔猪以及母猪本身的使用年限影响都很大。乳腺的发育成熟基本在两岁之前,但在妊娠的后期会进一步发育成熟。乳腺同样遵守"用进废退"原则,乳腺的退化直接影响后续胎次仔猪的哺乳效率。哺乳期间通过仔猪吸吮激发乳腺活力,使乳腺得以充分发育(母猪排乳需要通过仔猪拱撞乳房并且在仔猪的叫声刺激下放乳),保持乳腺后续的高泌乳潜能,这对于初产母猪至关重要。在有效的乳头数下,尽可能地让母猪的每一个乳头都能被仔猪吮吸,否则,母猪的乳腺就会退化,而且连续 3 d 不使用退化是不可逆的。

(8)乳汁的质量对于仔猪的生长至关重要,泌乳量越大仔猪相应吃得多长得快。泌乳量的多少主要取决于乳腺中泌乳细胞的多少。母猪的乳液一般分为两种,一种是初乳,另一种是常乳。而泌乳的过程基本分为4个阶段:初乳阶段、泌乳高峰期、泌乳稳定期以及泌乳下降期。

初乳阶段。主要是指生产后1周内,这个阶段的乳汁营养价值丰富,对于新生仔猪也最为重要,特别是产后的3 h之内。

泌乳高峰期。主要指产后1~2周内,泌乳的量最大但是质量开始下降。

泌乳稳定期。在产后2~3周内,同时仔猪也进入了快速生长期。

泌乳下降期。一般指产后3~4周内,母猪的泌乳力急剧下降。一般将后三个时期统称为常乳期,常乳期排乳过程呈现定时放乳规律,一般是通过仔猪拱奶吮吸2~5 min后进行放乳。母猪的整个放乳时间大概持续36 d左右。

(9)母猪的品种、体质、乳头数各有差异,产仔数也不尽相同,为了很好地发挥母猪的生产能力,寄养工作也尤为重要。进行寄养的前提是,在仔猪吃过初乳1 d后,仔猪之间的出生时间不超过3 d,采用寄养大的不寄养小的,寄养公猪不寄养母猪,寄养身体状况良好的不寄养身体状况差的。在寄养时要保证仔猪和母猪身上的气味相同,防止母猪不认进行撕咬。如果母猪产仔较多,乳头少,又找不到合适的寄养对象时,就要采取分批饲喂,先喂养小一点的仔猪再喂大一点的仔猪,也可以挤奶进行人工喂养。

(10)在分娩的过程中,如果每次的产仔间隔时间超过45 min或者最后一头猪崽身上没有羊水时就应该立即进行助产。当母猪长时间用力却产不出猪崽应立即实施助产。母猪分娩时间过长,一种原因是母猪的身体状况出现问题,另一种原因可能是仔猪的胎位不正。正常母猪的分娩时间为2~4 h,每头仔猪的间隔时间大约为15 min。

母猪能顺利生产主要由三个因素决定:产道、产力和胎儿。这三个因素其中任何一个出现问题都会引起母猪的分娩异常,通常表现为分娩无力和产程过长。引起产程过长的最主要原因之一就是产道狭窄和产道干涩引起的产道机械性阻力过大,导致胎儿不能顺利产出。整个产程分三个阶段:第一阶段是指母猪羊水破到第一头仔猪产出;第二阶段是指第一头仔猪产出到最后一头仔猪产出;第三阶段是指最后一头仔猪产出到整个胎衣全部排出。

助产时一定要切记产后子宫的护理以及母猪体况的恢复。助产过程中消毒不彻底、盲目助产以及操作不规范、强行助产都均易导致产道黏膜损伤或者撕裂以及水肿、血肿的发生,从而引起母猪难产加重,同时母猪的产道和子宫的免疫功能也会下降,严重时可能会导致毒血症的发生。

(11)产后体温监测,观察母猪的体况。生产母猪一般在分娩结束后 8 h 之内尽量不饲喂,即使需要饲喂也应该喂一些易消化的饲料,观察母猪是否出现食欲不振、喘气、烦躁不安,乳房有硬块和炎症,阴道有恶露流出(3~4 d 内为正常),早检查,及时发现问题尽早治疗。

(12)产后护理包括仔猪的护理和母猪的护理两个部分。夏季做好降温,冬季做好保温。仔猪怕冷,母猪怕热,根据各养殖场的实际情况,采取具体措施降温或保温,温度一般控制在 20~25℃,保持舍内空气新鲜,尽量为母猪和仔猪建立一个良好舒适的生活环境。温暖的环境对仔猪的成活至关重要。产床保温箱内,也要保持卫生干燥,而且保温箱的温度一定要掌握好,防止因为温度的变化影响哺乳仔猪。如果由于温度的变化,导致仔猪出现不适症状,应及时对仔猪进行药物处理,也可以在哺乳期对仔猪进行药物预防。

(13)为母猪提供足量、清洁的饮水,一般 4~5 次/d,最好让母猪自由饮水;如果使用饮水器供水,水的流速要大于 1 L/min。高温时节,哺乳期母猪要人工辅助多饮水,日饮水量为每日每头 40~50 kg;在分娩后 6~8 h 未能自行站立的母猪需要人工辅助站起来,以利于母猪产后的快速恢复。

（14）要求仔猪在出生后 3 d 内注射铁针剂 1.0~1.5 mL（最好为含硒铁剂）。在缺硒地区,还需要在出生后 1 周注射维生素 E - 硒针剂,以防止仔猪猝死和拉稀导致的死亡。

从出生的第 5 d 开始训练仔猪吃料。要求用优质的乳猪料进行饲喂,在断奶之前按每头仔猪 0.6 kg 左右的乳猪料进行饲喂。要为仔猪提供干净的饮水。

（15）对出生的肉用公猪需要实施去势,去势后的公猪后期长势快而且肉质好。为了减少感染风险、降低仔猪的疼痛以及便于实施去势,一般选择在仔猪出生 2~3 日龄进行。对于肉用母猪来说去势一般在 35~40 日龄实施最佳,因为去势过早手术实施不易,太晚又不容易保定,切口大感染的风险也大。

（16）仔猪需要早期断奶,主要出于以下几个方面的考虑:

①早期断奶能够缩短母猪的产仔间隔,增加母猪的年产仔数。传统的养猪方法是仔猪的哺乳天数为 60 d 左右,母猪年产仔猪 1.8 窝,育成仔猪 16 头左右;而仔猪哺乳天数在 45 d 左右的,母猪一年可产仔 2 窝;仔猪哺乳在 30~35 d 的,年产仔在 2.2 窝,育成仔猪数大概为 20 头左右。因此,早期断奶能提高母猪的繁殖性能。

②可以提高仔猪的饲料利用率。仔猪进行断奶后直接使用仔猪料,不受母乳限制,成群的仔猪发育较为整齐。仔猪对饲料的利用率较高,一般为 55% 左右,饲料通过母乳转化的利用率只有 20% 左右,比母猪吃料再转化分泌乳汁的利用率高了将近 2 倍。早期断奶增加了母猪年产窝数和育成仔猪数,同时就减少了母猪的饲养数量,经济效率更高。早期断奶还能让母猪少失重,减少了妊娠母猪的饲料供应,节省了饲料成本。

③仔猪可以自由采食,不受母猪泌乳量的限制。成品的仔猪专用料虽然价格高一些,但是营养更全面、更合理,而且仔猪用量也不大,总体的经济效益较高。

④对于大型猪场来说,提高了分娩栏以及设备的利用率。由于

母猪哺乳时间变短,分娩栏舍的周转加快,利用率提高。在整个养猪场中,分娩室以及相应的设备和运行费用占比最大,早期断奶可提高其利用率,降低了每生产一头猪的成本。

⑤断奶越迟仔猪的应激反应也会越严重,疫病的传播风险也会加大,同时也增加了母猪的非生产天数。

(17)猪舍的环境要温暖、安全、干燥卫生,空气新鲜。除了每天的固定打扫之外,还需要对母猪的圈舍每 2~3 d 用对猪无害无刺激性的消毒剂消毒。尽量减少噪声干扰,禁止粗鲁对待母猪,以免造成应激。有条件的,可以让母猪带领仔猪在就近区域活动,这样不仅可以提高母猪的泌乳力,还能改善乳汁品质,促进仔猪的发育。没有条件的可以让母猪带领仔猪在舍外适当活动。

对助产过的母猪、脚痛和产后食欲差的母猪要特别关注和护理,如喂水、喂料,药物治疗。

三、哺乳母猪异常情况处理

(一)乳房炎的出现

一种是母猪的乳房肿胀,体温逐渐上升,乳汁停止分泌,这多出现在分娩后,这可能是由于缺乏青绿饲料,饲喂的精饲料过多引起母猪便秘、难产或发高烧等疾病造成的乳房炎。另外一种是出现部分乳房肿胀,由于在喂养仔猪的过程中,仔猪撕咬导致乳头损伤使细菌进入而引起的乳房炎,这种在治疗过程中用湿毛巾按摩乳房或者用手按摩,将里面的乳汁挤出来,每天进行 4 次左右,一般 2~3 d 乳房就会逐渐萎缩。如果发现乳房变硬,挤出来的乳汁已经呈脓状并且发臭,应立即用抗生素或者磺胺类药物进行治疗。

(二)产褥热的发生

母猪在产后出现感染情况,体温升高到 41℃,出现全身痉挛,停止泌乳。这种情况一般发生在炎热的夏季,为了预防该病的发生,一般在母猪产前就要减少饲喂量,在分娩的前几天喂一些麸皮饲料,减轻母猪消化道的负担。此时该母猪的仔猪就要进行寄养,同时对母猪进行及时治疗。

(三)母猪产后奶少或者无奶

母猪奶水不足一般表现较为明显,例如母猪放乳已经结束,但仔猪仍含着乳头不放,母猪的乳头周围出现"乳圈",母猪藏奶,哺乳的时候不允许仔猪吮吸,无乳综合征等这些表现都说明母猪奶水太少,不能满足仔猪的需要。导致母猪奶少或者无奶的原因主要考虑以下几个方面原因:

(1)母猪在妊娠期间的饲养管理不到位,特别是在妊娠后期饲料的营养水平过低,母猪体重下降,乳腺发育不完全;

(2)可能因为母猪的使用年限过长、体弱、营养不足;

(3)母猪在妊娠期间饲喂的饲料蛋白质、维生素以及矿物质不足,导致母猪对饲料的利用率降低;

(4)母猪过肥或者体质较差,造成的内分泌失调,以及在产后未能及时消毒处理导致母猪的抵抗力下降,造成产道或者子宫感染。综合考虑以上因素,生产中必须做好母猪的饲养管理工作,及时淘汰年龄过大的母猪,做好圈舍的消毒以及卫生工作。对于少乳的可以内服催乳灵10片,连续使用3~5 d,或者使用催产素肌肉注射25单位左右,1~2次。也可以使用中药进行催乳(木通30 g,茴香30 g,加水熬制,1 d喂2次);因为母猪过肥无奶的,应加强锻炼,减少饲喂量;过瘦的母猪,应加强营养,也可以喂一些催乳饲料;母猪产后感染的可以用2%的温盐水冲洗子宫内部,并注射抗生素进行治疗。

四、脐带血

脐带血是造血干细胞的主要来源。在人类医学上已知造血干细胞可以用于多种疾病的治疗,脐带血非常宝贵,与正常血液相比较,它除了含有正常血液的成分之外,还含有用于重建机体造血和免疫的造血干细胞,临床上主要是通过造血干细胞移植治疗多种疾病。

猪场可以通过脐带血的检测确定是否存在垂直传播的病原,便于猪场进行疫病净化和疫苗的免疫效果评价,因此在临床接产时要注意把脐带血挤回仔猪体内。

猪的脐带血可以用于多种疾病的治疗,如:猪的遗传性疾病、代谢病、某些先天性疾病、僵猪、贫血、猪支原体肺炎、传染性结膜炎、蜂窝组织炎、球虫病导致的贫血、湿疹、乳房炎、慢性腹膜炎、胸膜炎、囊肿以及流行性感冒等。但是针对心脏、肝脏、肾脏以及急性扩散性疾病和体温升高显著的疫病不能采用脐带血进行治疗。

脐带血的保存。首先配制脐带血的保存液,枸橼酸 2.4 g,枸橼酸钠 6.6 g,葡萄糖 7.4 g,将这些试剂装入存血袋中,加入注射用水至 50 mL,封口等待溶解之后可收集脐带血 200 mL。实际生产中因为采集的血液多少不确定,可以将配置好的 50 mL 溶液平均分配在两个无菌袋中,然后各装入采集的血液 100 mL,将同一个母猪产的仔猪的脐带血放入同一个贮血袋内。储存环境为 2~6℃,与冰箱的侧壁保持一定距离,防止冻坏。有效期为 21 d 左右,在储存期间不需来回翻动。

五、母猪的淘汰

对于猪场的管理来说,繁育母猪是一个猪场的核心,衡量母猪繁育价值和生产力的关键指标就是繁殖力,繁殖力高猪场效益就高。母猪的年淘汰率一般为 30% 左右,其中后备母猪在使用前的淘汰率为10%左右,因此在淘汰过程中不要犹豫,但是需要遵循一定的原则。

(一)淘汰不发情母猪

母猪在正常时间发情或者在产后发情时间却不发情,则需要直接淘汰。在后备母猪体重达到90 kg和饲养8个月以上却不发情的母猪,或者是后备母猪的生殖系统先天性的发育不良或由于饲养管理不到位,毒素危害或者疾病影响造成的卵巢、输卵管障碍的,针对这几种母猪则需要进行淘汰处理。母猪生产后断奶时间超过2个发情周期却不发情,或者是在仔猪断奶49 d以上还不发情的要进行淘汰处理。

针对生产中出现有的母猪在配种后出现反复发情的,配种难以配上的,有的甚至会出现流产状况,需要进行多次配种才有可能配上的母猪要进行淘汰。

有些母猪脾气较差,在配种工作中伤人、生产后撕咬仔猪、护仔猪但是又不会哺乳仔猪,以及泌乳能力较差,泌乳量少的母猪,在经过一定的调教之后没有改善的都可以淘汰。

(二)淘汰患病母猪

疾病会影响母猪的生产性能,降低猪场的经济效益,尤其是母猪在生产过程中可能因为患有严重乳房炎或者子宫内膜炎疾病或者先天性疾病,容易出现流产或者死胎现象的,对于发病严重而且没有治疗价值的母猪应及时进行淘汰处理。

感染严重的传染性疾病的母猪,例如猪瘟、伪狂犬、高热综合征等,虽然治愈之后可以用疫苗进行免疫,但是母猪的生产性能在很大程度上会下降,并通过代谢不断向环境中排毒,成为猪场中的带毒猪,会再次对猪场造成危害,还可能会通过垂直传播将疾病传给仔猪,因此这种母猪应该进行淘汰。

患有普通疾病的母猪,在进行2个疗程的治疗以后仍旧难以恢复的,可以认为是没有治疗价值的患病猪,应及时进行淘汰。

流产也是评价母猪是否需要淘汰的指标之一,连续2次或者累计3次以上流产的母猪,可以被认定为习惯性流产,生产性能较差,可以进行淘汰处理。

患有严重肢体疾病的母猪,这种母猪在妊娠后期由于承重能力差,很容易发生产前、产后瘫痪,发情时也无法进行正常配种,这种母猪也需要及时淘汰。

(三)淘汰种用价值低的母猪

母猪种用价值的评定以母猪的产仔数量、母猪的哺乳性能以及仔猪的成活数为主要依据。

后备母猪生产一胎和二胎每次产仔数目少于5头的,经产母猪产仔数少于6头的,这都属于种用价值低的,则需要进行淘汰,还有一种情况是经产母猪生产9胎次以上,而且平均仔猪的成活数少于9头的,也要进行淘汰。

母猪分娩后,可用于泌乳的乳头数少于10个同时泌乳量少的,也可以进行淘汰。

以胎数作为标准,针对6胎以上最多8胎以上的母猪,机体对正常的生产能力无法维持,胎次结构从一胎的20%下降到5%时,则需要对母猪进行淘汰,从而保持生产母猪的胎次结构维持在最佳水平。生产中可能会因为母猪的母性好、脾气好,会照顾仔猪,繁殖6胎甚至更久,在后期的繁殖过程中可能会出现严重的弱仔化,仔猪表现为个头低、抵抗力差或者出现生长缓慢,对于这种母猪也应淘汰。

对于体况不好、过肥或过瘦的母猪进行改饲,对进行适量运动后仍得不到恢复的母猪应进行淘汰。

第十章

人工授精操作

人工授精是现代畜牧生产中广泛应用的重要技术措施,实践证明,它可以最大限度地利用优秀种公畜,提高畜群质量,减少公畜饲养费用。猪人工授精技术包括采精、精液品质检查、精液的稀释与分装,精液的保存与运输,输精等技术环节。本章就人工授精操作程序,人工授精所使用公猪的调教、饲养和保健,人工授精所使用精液的采集与储存,发情母猪的检查和输精等内容进行阐述。使饲养管理人员明白人工授精操作流程,清晰人工授精所使用种公猪的饲养管理和种母猪的输精状态检查。

一、人工授精操作程序

(一)输精次数

输精次数一般为3次。

(二)输精时间

(1)经产母猪断奶后 3~6 d 发情的,发现发情静立反射后 6~12 h。

(2)后备母猪和经产母猪(断奶后 7 d 以上发情的),发情一经出现站立反应就进行配种(输精)。

（3）把待配母猪赶入配种栏，在给母猪输精时，让其与公猪口鼻接触。

（4）消毒、清洁好双手，是输精人员必须准备的。

（5）输精前，要用消毒过的卫生纸或干棉球擦干待配母猪的外阴及尾根、内阴，直至内阴用肉眼看不到灰尘为止。

（6）从密封袋中取出一次性输精管，（注意手不应接触输精管前2/3部分），并在输精管的前端涂上润滑液。

（7）将输精管插入母猪生殖道内，使其45°角向上，输精管进入3~4 cm之后，顺时针慢慢旋转，直到输精管前端向拉不动。

（8）从精液贮存箱中取出精液，并登记好公猪品种、耳号。

（9）在输精之前，应该检查海绵头是否松动，每次都应使用一条新的输精管给母猪输精。

（10）先缓慢颠倒摇匀精液，再用剪刀剪去瓶嘴，将瓶嘴接到输精管上开始进行输精。

（11）输精时压背刺激母猪并轻轻抚摸母猪的乳房或外阴，使其子宫收缩产生负压，将精液吸纳。

（12）输精时间至少要求35 min，输精时间通过控制输精瓶的高低来调节，精液输完后，把输精管后端一小段折起以防止空气进入母猪生殖道，让配种母猪滞留在配种栏内5~10 min。之后将母猪赶入固定栏，再让输精管慢慢滑落或向下倾斜45°角轻轻拔出。

（13）要求在一个发情期内，至少给发情母猪输精2~3次，每次输精时间间隔8 h左右。

（14）母猪生产卡、配种记录要认真登记。

二、用于人工授精公猪的调教与饲养管理

具有理想繁殖性能的种公猪对猪的繁衍和猪场的经济效益都有着很重要的意义。对种公猪的饲喂，应满足其机能生长和体况维

持需要，为了保证成年种公猪积极、正常的工作状态，其体态应略偏瘦。如果过量饲喂而导致发胖，会导致种公猪性欲下降，精液量和精液质量会受到影响，还可能引发肢、蹄病。

（一）后备公猪培育

（1）种公猪进入猪场后，要严格按照隔离适应程序进行有效的隔离和适应，并对其进行疫苗接种，特别是细小病毒、乙脑、伪狂犬和猪瘟疫苗等要有效接种，以免影响繁殖性能。

（2）建议使用种公猪专用饲料对其进行饲喂。自由采食与限量采食相结合，体重小于 120 kg 时自由采食，120 kg 后限量饲喂，饲喂量 2.5 kg/头·日，日喂 2 次。

体况和环境的变化也应该被考虑到饲喂量里，例如冬季天气寒冷，应适当增加饲喂量。公猪每日摄入的能量大约只有 5% 用于生产精液。有研究表明，公猪精子浓度、密度和异常精子的百分比一般不会受到影响，除非公猪的体况特别差。

正常公猪体况是后侧观察背部轮廓偏圆，呈饱满的弧线型，背脊视觉无明显外露。

（3）为了获得高质量精液，应该控制好公猪的饲养环境，保证为其提供一个舒适的饲养场地，保持舍内通风干燥。公猪的栏位包括限位栏和大栏。因为公猪排泄比较频繁，栏位地面要求全漏缝地板或至少 70% 的漏缝地板，以确保地面干燥，保持公猪腹部清洁卫生。公猪舍的温度最好保持在 15~16℃，如果是夏天，要打开空调或排风扇，尽可能地将舍内温度降至 25℃ 以下。因为高温对公猪应激较大，特别是对公猪的性欲、精液量、精液质量都有很大的影响。

（二）后备公猪调教

1. 后备公猪的初次调教日龄

后备公猪初次调教的日龄会影响公猪的使用，过早或过晚都调教成功的可能性较小，一般应该在 180 日龄左右。经验表明，超过

200日龄的公猪调教成功不足50%。

2. 栏位及假台畜的设置

为了使被调教的公猪不受栏外的环境干扰,以便其对假台畜集中注意力,产生兴趣,调教栏长应设置在2.0~2.5 m,宽设置在2.0~2.5 m,高度设置在1.0~1.2 m,栏位四周可用木板或铁皮包围起来。栏位空间不宜过大或过小,过大容易分散后备公猪的注意力;过狭窄会使公猪出现逆反心理,从而影响公猪的调教进度。假台畜最好安装在栏内的角落里,假台畜的前方朝向角落45°方向,与墙角的距离约保持40~50 cm(公猪不能通过)。

3. 调教前的准备

为激发后备公猪对假台畜的兴趣,在调教之前,可以安排有经验的公猪在假台畜上采放精一次,使台上留有精子和胶体的气味。也可以收集一些老公猪的精液和老母猪的尿洒在假台畜上,可起到相同的作用。

4. 调教程序

(1)成功的调教依赖于调教员与公猪的接近,以及所建立的关系,因为假台畜是无生命的,它对公猪没有任何的反应。引诱公猪接近调教员,让其在调教员身上拱、推,直到公猪允许调教员抚摸其头或其他部位。

(2)在配种房工作过的调教员的身上会带有其他公猪和母猪的气味,这些气味会刺激公猪在其身上用力而频繁地拱。公猪如果愿意爬跨假台畜,则表明它对调教员已完全信任了。

(3)有的后备公猪可能需要较多的引诱工作,如果后备公猪能被引诱到假台畜旁边啃咬假台畜,一般都能够调教好。

(4)如果公猪爬跨假台畜,应鼓励其再次爬跨,当其在栏内走动时,应摩擦其包皮直到再次爬跨为止。一旦后备公猪爬跨了假台畜,调教员就应把握好机会,将精液采出来并让射精过程自然结束。此过程要注意对公猪的阴茎和包皮做检查,检查有无不正常现象。

(5)应该等公猪调教熟练之后再纠正爬跨姿势,在公猪第 1 次爬跨上假台畜时,只要其感觉到舒适,阴茎能够伸出就好,不能对其姿势正确与否要求太高。将手清洗干净并握成空心状,等后备公猪阴茎伸出后,让其在手心来回伸缩几次,等到公猪冲动时,一把抓住阴茎进行采精。

(6)抓阴茎的手势应该正确,手抓阴茎时不能太紧或太松,否则公猪会感觉不舒服将阴茎缩回。大拇指朝向阴茎的龟头,小拇指朝向阴茎的根部,阴茎的龟头应该露在大拇指之外约 2～3 cm 处,方便精液的收集。

5. 巩固新调教好的公猪

新公猪调教成功后,随后连续 2 d 每天各采精 1 次;之后隔天 1 次,持续 3 次;此后每周采精 1 次即可。如果不对调教好的公猪进行采精过程巩固,时间长了新公猪可能会忘记采精过程。

三、公猪的使用与保健

(一)公猪的使用

公猪的采精日龄应该适宜,没有完全成熟的精子将导致母猪受孕率降低,窝平均产仔数减少,死胎和"木乃伊"增加,所以采集精子不要低于 210 日龄。9 月龄以下的公猪每周只能采精 1 次,12 月龄以下每 5 d 可以采精 1 次,12 月龄以上每周可以采精 2 次。采精频率最好固定,否则会影响精液量。

(二)公猪日常保健

青年公猪不管是否有使用需要,都应每周采精 1 次,成年公猪至少 5 d 采精 1 次;每次给公猪采精或放精都要让射精过程自然结束,因为成熟公猪每天能产生 16 亿个精子,若有效时间内不予采用,精子将会老化,老化的精子会影响母猪的受孕率和活仔率。公猪在射精时,不能将其赶下假台畜,以免挫伤公猪的自信心,导致公猪性欲下降,精子数量减少,精子质量下降。

四、人工授精技术的精液采集与储备

人工授精技术可以用少量的公猪精子给大量的母猪输精,可以帮助经营者获取最大的经济效益。

(一)固定设备

假台畜1台、防滑垫1个、实验室用空调1台、精液储存箱1台、高质量显微镜1台、显微镜用可调温载玻片加热板1台、精子密度检测仪(光密度仪)1台、5 kg电子秤1台、精液包装机1台、移精枪(移液枪)2支、温控式水浴锅1台、玻璃棒式温度计保证有5支以上、双蒸机(做蒸馏水用)1台、采精保温杯2个(容量0.75 L)、精液收集杯预热橱1台、精液稀释杯3个(容量3 L)。

(二)易耗品

人工授精易耗品要有足够的库存量,每月底做一次盘存,如果盘存量低于或等于以上最低库存标准,应提前进行购买,以免影响后续的使用。

实验室(GTC)环境要求:实验室的环境设置很重要,因为精子很容易受到温度、湿度、光照、细菌等外界环境的伤害。建议实验室室内面积30~40㎡(不包括公猪舍),装有天花板的屋顶,用瓷砖将四周墙面及地面装饰好。实验室最好不安装窗户,以免紫外线杀伤精子。为了控制室内的温度、湿度,保障空气流通,实验室应安装空调;为了室内生产蒸馏水和清洗器具,实验室内需安装完整的供、排水系统和水池;室内温度保持20~22℃。

(1) 精液收集杯的制备。精液采集杯内放入精液收集袋,为了使原精能顺利收集到袋子里,收集杯应有足够的盛装空间,制作过程双手要保持干净无菌。为了防止精液外流,精液过滤纸应用橡皮圈固定好,使得滤纸中心向杯内凹陷。将收集好精液的收集杯放入预热橱,橱内的温度需保持在 35～37℃,温度过高会杀伤或杀死精子,温度过低精液达不到理想的温度,同样会影响精子的质量。

(2) 在显微镜预热板上,将载玻片和盖玻片预热至 35～37℃。

许多肉眼看不见的杂质会残留在用过的载玻片和盖玻片上,这些杂质会影响对精子的观察,造成误判和错判。所以盖玻片和载玻片最好使用新的。

(3) 精液稀释剂的制作。在稀释袋内装入称好的蒸馏水和玻璃棒温度计,然后将稀释袋放入水浴锅预热,待蒸馏水内的温度计显示 36～37℃时,把稀释剂放入蒸馏水里。

建议使用新鲜的水源,这样会让精子的质量更有保障,所以水浴锅的水每周应更换 2～3 次。为了让稀释剂充分溶解,每袋稀释剂需配 1 L 蒸馏水。

(4) 将光密度仪(精液密度检测仪)调至待读样状态。

(5) 确定可使用的公猪。可通过查看"公猪使用记录表"结合配种计划要求确定。建议:9 月龄以下的公猪每周采精 1 次,12 月龄以下的公猪每 5 d 采精 1 次,12 月龄以上的公猪每周可以采精 2 次。

(6) 采完精后,要将采精栏彻底冲洗干净,采精栏和假台畜需保持清洁干燥。

(三)精液收集

(1) 准备毛巾、卫生纸,毛巾和卫生纸需干燥,并消过毒。

(2) 将公猪赶入采精栏,并用干毛巾擦净公猪的腹部,以防止公猪腹部的脏物和粉尘在采精时掉入精液收集杯里。之后再将手洗净擦干,戴上采精专用手套。

(3)公猪爬上假台畜后,排净尿液和包皮积液。为模拟自然交配中母猪的子宫颈紧嵌公猪的阴茎头,用戴手套的手握成空拳导入阴茎,让其抽动数次,顺势伸延(不能硬拉,要顺其自然)。射精包含三部分:第一部分是胶体,第二部分是富含精子的白色部分,第三部分是精清和最后的胶体部分。最终,只收集第二部分富含精子的白色部分和适量的精清,弃掉开始的胶体。总收集量达到 120~150 mL 就没有必要再收集了。

(4)为了避免挫伤公猪的性欲,导致其不愿意再爬跨假台畜,采精人员不可在采到精液后急于处理精液而不管公猪,应该继续握住公猪阴茎,使其完成射精直至阴茎自然变软,直至公猪自动爬下假台畜。

(四)精液检查

1. 检测原精的温度

35~37℃是刚采集的原精的正常温度。将罩在采精杯上的滤纸和黏液去掉,注意不能有杂物掉入精液里。在采集的原精里放入干净的玻璃棒式温度计测量温度,温度低于或高于 35~37℃,都不正常。为了使得精子质量不会受时间的影响,精液收集完后做的检测、计算头份、稀释和包装等工作必须在 10 min 之内完成。因为精子的生命主要是靠精清里的少量营养来维持,且最多只能维持 15 min。

2. 精液的气味和颜色

正常精液的颜色应该是乳白色,原精如果发黄、浑浊、带有微红或微黑的颜色等都是不正常的。原精几乎没有什么气味或略带腥味,而尿液或包皮液有很浓的霉腺气味,如果发现原精被污染应立即淘汰。

3. 原精的活力与评分

精子活力是指直线运动很快、像小蝌蚪一样,没有断尾、卷尾,尾上没有黑斑点的精子占有比例。载玻片预热后,用移液枪吸取适量的精液放到其上,在显微镜下观察精子活力。凡是出现打堆断尾、卷尾、尾上有黑斑点、原地打圈、平顶的精子都属于畸形精子。精子评分分5个等级,等级越高精子的质量越好。评3分的精子活力在60%以上,且畸形精子低于30%;评4.5分的精子,活力在90%以上,且畸形精子低于5%;高质量的精子,活力应该在80%以上,最低也要高于60%(不包括直线运动速度较慢的精子),否则其受精率会很低,应该淘汰;畸形精子率高于30%应予以淘汰。

4. 原精的稀释和储存

(1)检测原精的可稀释头份。在已用定量参比液调零的比色杯中,用移液枪吸取定量的原精注入并混匀,检测出原精能稀释的头份(一头成年公猪一次能采15～30头份)。

(2)精子的稀释。稀释剂能延长精子的存活时间,因为其可为精子提供营养、维持渗透压,缓冲pH值的变化,保护精子不受细菌的感染。根据要稀释的头份准备适量的稀释剂(1头份精液包含原精85～90 mL),原精的温度和稀释剂的温度差最好是0.5℃,不能大于1℃,否则应激过大,将对精子造成损失。利用玻璃棒温度计将原精缓缓引流到稀释剂杯子里,然后轻轻搅拌数次。再用移精枪吸适量的精液放到载玻片上,在显微镜下进行稀释后的检测,如果没问题,过10 min,即精子和稀释剂充分混匀后进行分装。

(3)精液储存。精液包装好后,要使其自然冷却,方法是要在20～22℃的室温里存放45～60 min,再放入16～18℃的精液储存箱里。精液放到储存箱后会慢慢堆到一起,应每天分别在早、中、晚翻动储存在精液储存箱里的精液,以免因翻动不及时而影响了精子的活力。如需在精液储存箱里取精液配种,必须对精液进行抽样检查,不符合要求的应予以淘汰。

五、母猪的发情检查与输精

准确的母猪发情检查和高质量的输精将影响到母猪的分娩率和平均产仔数。因此,我们要按照生产流程严格做好母猪的发情检查和输精工作。为达到满意的发情配种率、高分娩率和高活产仔数,后备母猪和断奶母猪配种前的饲养管理和刺激发情及诱导发情工作至关重要。

(一)后备母猪的饲养管理与诱导发情

表4 后备母猪初次配种条件

日龄	体重(kg)	背膘(cm)	发情次数	疫苗接种
220	130	1.8~2.0	2次以上	接种完所有疫苗

后备母猪在配种前要想达到表4标准,需做好以下饲养管理工作:

(1)在160日龄前,对后备母猪实行自由采食,饲喂育肥猪饲料。

(2)161日龄开始饲喂后备母猪饲料,根据饲料的质量和后备母猪的体况确定具体的日饲喂量。130 kg以下自由采食,130 kg以上时每头日饲喂量2.53 kg(参考喂量)。180日龄开始接种各类疫苗,根据主管兽医制定的防疫方案确定疫苗接种种类及程序。

(3)正常的饲养条件下,后备母猪在160日龄时,少数猪只会出现初次发情。因此,在接近160日龄之前就要对后备母猪使用公猪诱导发情。

诱导发情:诱发后备母猪尽早发情,将后备母猪和一头老公猪同时转入隔离舍。3 d后开始每天将老公猪赶到走道上反复走动15~20 min,诱导后备母猪发情;在后备母猪平均达到160日龄后,在后备母猪栏内每天赶入老公猪逐个进行查情,每栏每次5~8 min,并做好后备母猪的发情记录。

(二)断奶母猪的饲养与诱导发情管理

饲喂、保健和诱导发情是断奶母猪管理3个重点。

1. 饲喂

刚断奶母猪乳腺会发胀,感到身体不适,影响采食,不利于发情。为了让母猪感到舒适,奶水尽早胀回,可以让母猪多吃料,从而促使其早日发情。为了让断奶母猪吃饱、吃好,从断奶之日起,给其投喂全价料,每天最好喂2次,每次分2段饲喂,即第1次每头喂1.5 kg,第2次再根据第1次的采食情况添加,如果吃完了就多添加一些,没吃完的就少添加一些。试验证明,按照此方法饲喂断奶母猪,母猪断奶后7 d内的发情率在95%以上。

2. 炎症预防

母猪断奶当天,按体重肌肉注射适量的长效抗生素,也可以连续3 d在饮水或饲料里添加适量的抗生素,以使母猪子宫环境快速恢复,提高母猪发情率。

3. 刺激诱导发情

将公猪赶到断奶母猪的定位栏前面,从而刺激和诱导母猪发情,从断奶当天开始,用公猪每天诱导2次,各安排两人跟在公猪前后,以控制公猪的行进速度,另一人站到断奶母猪的背上踩压,刺激母猪早日发情。

4. 早期断奶母猪

产仔后哺乳不足20 d的母猪即为早期断奶母猪,由于从产仔到断奶的间隔时间偏短,子宫还没有完全恢复,而且,早期断奶母猪排卵数也少或者根本不排卵,因此早期断奶的母猪第1次发情时不要配种,待其第2次发情时再进行配种。

（三）母猪发情检查

1. 后备母猪发情检查

后备母猪发情检查主要注意其阴户的变化，从阴户开始出现红肿到阴户红肿消失（发情结束）大约持续 5 d 时间，一般阴户出现红肿后的第 3 天为配种最佳时期。由于后备母猪发情时静立反射明显，因此，要仔细观察并做好记录或标记；每天进行 2 次发情检查（上、下午各 1 次），检查方法类似断奶母猪刺激发情检查。

2. 断奶母猪发情检查

在做断奶母猪刺激发情的同时也要注意哺乳期偏长的断奶母猪的发情检查。有些母猪由于泌乳能力较好或是哺乳仔猪的需要，哺乳时间可能在 28～30 d，这种母猪断奶第 2 天就可能会发情，一旦发情稳定并符合配种条件要立即配种。因此，要做好这些哺乳母猪的发情检查，最好每天进行 2 次发情检查（上、下午各 1 次），检查方法类似断奶母猪刺激发情检查。

3. 母猪最佳发情配种期

经验表明，最佳配种时间为母猪出现第 1 次静立反射，并接触公猪后 12 h 为最佳配种时间。但生产中很难知道母猪在接触公猪后出现的静立反射是不是第 1 次。据经验丰富者总结认为，母猪接触公猪出现静立反射后，将公猪赶开离母猪约 5 m 之外，再骑在发情母猪的背上，工作人员两手用力按压发情母猪的前背，尽可能模仿公猪前肢爬跨的动作，如果这个时候母猪仍然有强烈的静立反射，同时也没有发出叫声，即是配种输精的最佳时期。

查情顺序建议为：断奶母猪、后备母猪、空怀和流产母猪、配种后 18～24 d 的母猪（查返情）。

（四）输精

1. 确保精液质量

（1）为了保证配种成功率，实验室在提供配种精液之前，要做好精液的活力检测工作,确保精液合格。如果储存精液不合格,实验室技术员应立即采集新鲜的精液。

(2)在休眠状态下的精子不会消耗能量或消耗少量能量,为保证精子保持休眠状态,精液储存箱的温度应设置在 16~18℃。温度低于 16℃精子会被冻死,温度高于 25℃时候精子会消耗大量能量,从而导致进入子宫后能量消耗殆尽,没有能力进入输卵管和卵子结合。所以配种操作员用于拿取精液的盛具最好采用能隔热保温的双层保温泡沫塑料盒,盒内的温度能保证在 18~25℃之间最好。

(3)适量采精。夏天,精液储存盒内的温度上升较快,使得精液的质量降低;冬天,精液储存盒内的温度可能下降到底线,导致精子冻死。所以配种操作员一次采精头份不宜太多,所取的精液要能在 0.5 h 内用完。

2.人工输精操作方式

公猪	A母猪	B母猪	公猪	A母猪	B母猪	公猪

(1)输精模式:此表模式可供 2 名输精操作员同时输精。

母猪栏一定要放成年老公猪,因为成年公猪的气味大,对发情母猪更有吸引力。首先赶第一头发情母猪到 A 栏输精,时间为 6~8 min。输精后为加快母猪的排卵速度,提高平均活产仔数,让其和公猪多待 8~10 min。之后再赶一头发情母猪到 B 栏输精,待 B 栏母猪输精完成后,再将 A 栏的母猪赶回限位栏,再赶一头发情母猪到 A 栏进行输精,以此类推。

(2)输精必需用品:软硬适中的一次性输精管,太硬会损伤阴道和子宫颈口,太软可能插不到输精的部位;正规厂家生产的润滑剂;擦阴户用纸,要求柔软。

(3)擦拭干净内阴户,注意换纸且动作要轻柔。之后清洗干净手并擦干,将润滑剂涂在输精管头上,再将精液袋(瓶)安装到输精管上。将外阴户用左手轻轻展开,将输精管以向上 45°角插入阴道并进入子宫颈口,插入子宫颈内 10 cm 处,左手抬起输精袋(瓶)(角度不能高于 80°)排完输精管内的空气,开始输精。

(4)输精。随发情母猪子宫有节奏地收缩,精液被吸入进去,输精过程中尽可能地让母猪自行吸收,不要用力挤压输精袋(瓶)。为刺激发情母猪加快子宫收缩的频率,使发情母猪尽早将精液吸收到子宫内,应尽量模仿公猪压在发情母猪背上的状态,并用手对发情母猪的外阴户和腹部进行按摩。如果发情母猪的子宫不收缩,子宫颈口没有张开,硬挤进去的精液不会进入子宫,会导致配种无效。

(5)拔出输精管。母猪完成输精后,让其在原地和公猪待 8～10 min,再赶回原栏,然后拔出输精管。切记不能立即拔出输精管,因为刚输完精,精液在子宫颈口附近,没有进入子宫的深部,插入母猪子宫颈口的输精管泡沫头能起到堵塞精液不外流的作用。如果输精后立即拔出输精管,会导致精液外流,使配种效果大打折扣。拔输精管时,将输精管的后部向下以 30°的角度拔出,动作要轻,以免伤害阴道和子宫颈口。

(6)做好配种后的消炎工作,有时输精后拔出的输精管头上会带有少量的血迹,这是因为,一是后备母猪的阴道和子宫颈口一般都比较狭窄;二是有些经产母猪在产仔过程中因各种原因导致阴道和子宫出现伤痕,这些伤痕可能直到断奶还不能完全恢复,这种情况会导致输精的时候,没有恢复好的伤口又重新出现新的破裂。对输精后拔出的输精管头带有血迹的母猪,应该注射长效抗生素,每天 1 次,连续 2 d,用量根据母猪的体重计算。

第十一章

猪病防治的主要措施

自古有"民以食为天,猪粮安天下"的说法,生猪稳产事关我国粮食安全,生猪产业是农业产业化的重要手段,也是增加农民收入的重要来源,但是目前猪疫病种类越来越多,危害加重,特别是新疫病的出现、流行特点的变化、环境性病原微生物致病性日渐严重、营养与代谢性疾病的发生日益突出及疫病检测技术落后等问题,成为制约我国猪产业发展的重要因素。从暴发非洲猪瘟开始,中国生猪供给一直处于相对偏紧状态,预计后市亦难以预期,波动频繁。2018年以来,全国各地相继发生非洲猪瘟疫情,给养殖户、养殖企业造成重大经济损失,给生猪产业带来毁灭性的打击,因此猪疫病的检测与防控技术显得尤为重要。本章就目前猪常见疾病的特点和防控措施,猪疫病的诊断方法和猪四种重要疫病的预防等内容进行阐述,帮助广大养猪户科学预防猪常见疫病。

一、目前猪常见疾病及各种病的特点和防控

(一)营养代谢性疾病

动物营养代谢性疾病是动物代谢紊乱和营养紊乱疾病的总称。代谢紊乱是机体内环境紊乱,是由一个或多个代谢过程异常改变而导致。营养紊乱是一种疾病,是由于机体所需的某些营养物质供应

第十一章 猪病防治的主要措施

不足或缺乏,或某些营养物质摄入过量干扰了另一些营养物质的吸收和利用而引起的。

1. 猪营养代谢病的主要病因

机体摄入的一种或多种营养物质不足、过多、比例不当,或是代谢中某一环节出现障碍,猪都会发生营养代谢疾病。这是因为,猪机体对各类营养物质都有一定的基本需要量、最大和最小允许量、耐受量。

(1)饲料中存在抗营养物质。有些饲料中存在抗营养物质或抗营养因子,但在日粮配置时没有充分被考虑,如导致肠道蛋白质消化、吸收利用能力下降的豆科植物中的胰蛋白抑制因子。

(2)猪消化吸收发生障碍。主要有两个方面的原因,一是日粮中某类饲料消化吸收率低;二是猪本身患有消化吸收方面的疾病引起消化吸收障碍。

(3)营养物质摄入不足或摄入过剩。最常见的是日粮供应不足,饲料品种单一。还有一种情况是营养含量超标严重,主要是因为饲料品质不良或者供应没有限制。

(4)猪在不同性能阶段对营养需求不同。母猪在妊娠、哺乳期,仔猪在保育期,公猪在配种期等特别阶段对营养素的需求和正常生长阶段猪对营养素的需求是有差异的。但是往往因为考虑不周,在特别阶段得不到特殊"照料"而导致营养素缺乏,从而发生营养代谢病。

2. 营养代谢病的分类

(1)能量物质过剩或不足引起的代谢性疾病,如脂肪肝综合征、营养衰竭症、痛风、低血糖等。

(2)机体摄入矿物质不足引起的疾病,常见的主要有两类,一类是常量元素缺乏引起的相关疾病,如钙、磷、镁、钾、钠等缺乏会引起如骨软症,低血钾症等;另外一类是微量元素缺乏引起的相关疾病,如铁、锌、铜、硒、锰、钴、碘等缺乏。

(3)维生素摄入不足引起的相应的维生素缺乏症,如脂溶性维生素 A、D、E、K 及水溶性维生素、B 族维生素、C 族维生素缺乏引起的疾病。

（4）原因不明的代谢性疾病，还有些病因不明确导致的疾病，但是具有营养代谢病的某些特点。

3. 猪营养代谢病的发病特点

（1）繁殖机能下降。猪体吸收的营养物质不能满足生产发育和生产性能的需求，引发代谢紊乱而发病，主要原因多为日粮配合不当、饲料添加剂使用过量、饲料质量存在缺陷等。通常在同一个养殖场发病的症状基本相同或相似，有时会呈现出地区性的、多种动物的特征。

（2）多与不同生理阶段或生产性能相关。缺铁性贫血多发生于仔猪，低血钙性瘫痪多见于哺乳母猪，这些营养代谢病多是因为猪处于不同的生理、生产阶段。

（3）发病缓慢、病程较长。营养代谢病发病缓慢、病程较长，往往从病因开始到临床症状出现需要数周甚至更长时间。

（4）无传染性。营养代谢病与其他病的显著差异为猪体温普遍为正常或偏低，且不发生传染，病猪如果不发生继发感染，就不会发生传染性流行特点，只要改善了营养和机体的代谢状况，就可在短期内恢重。

（5）无特征性临床症状。营养代谢疾病多表现为精神不振、食欲不佳、消化障碍、生长发育停滞、贫血、异嗜、生产性能下降、繁殖机能紊乱等，缺乏特征性的临床症状。容易与寄生虫病或普通中毒病相混淆。

4. 营养代谢病的诊断

（1）临床症状及剖解变化。一些营养物质缺乏症，在临床上多表现为生长发育迟缓或停滞、被毛粗乱、骨棱外露、母畜低产、产死胎、跛行、关节变形脱毛、异嗜、充血、母畜卧地不起、视力降低、运动失调等。剖检时，除硒缺乏时可见典型病理变化，多数营养代谢病无特征性变化。

(2)营养代谢病亦称地方病,某种元素呈地域性缺乏,动物会发生相应的缺乏症。如,我国东北到西南有一条缺硒带,在这些地区的动物很易发生硒缺乏症。

(3)饲料分析。结合初步诊断结果与治疗体会,猪疑似患某种或某些营养素缺乏症时,要对其所食饲料进行分析。首先对饲料中的一些营养素进行分析,如对矿物质、微量元素或维生素进行分析。其次分析相关元素之间是否平衡,是否存在拮抗作用,如钙过量会影响锌的利用,铜过量又会影响钙的利用。

(4)结合饲料分析结果和临床症状特点,可进行实验室诊断及亚临床监测,直接对病畜的血液、肝、肾等进行相关生化分析,以判明动物的营养状态。通常需测定这些指标:血糖、总蛋白、白蛋白、球蛋白、Hb、Bun、PCV、血清钙、磷、镁、钾、钠以及铁、锌、硒等,此外还应检测一些相关的血清酶,如 ALP 等。

5. 猪营养代谢病的防治

生产中猪营养代谢病不易察觉,但往往发病比较急。加强饲养管理,保证供应全价日粮是防治的关键。根据猪群的需要,在不同的饲养阶段及时、正确、合理的调整日粮结构。

(二)中毒性疾病

中毒性疾病对养殖生产的危害不可轻视,掌握该病发生的原因和防治措施对于安全养殖生产至关重要。动物过量摄入某种物质后,破坏了机体的正常生理功能,引起组织和器官机能或器质性改变的病理过程,称为中毒性疾病。

1. 霉菌毒素中毒

霉菌毒素最常见有黄曲霉毒素、镰刀菌毒素和赤霉菌毒素,饲料保管和贮存不善,如雨淋、水泡、潮湿、加工调制不当等均容易使饲料腐败变质。产生霉菌毒素,通常含有淀粉的饲料、糠麸和蔬菜类饲料等容易霉变,当猪大量采食后会引起急性中毒,长期少量饲喂会引起慢性中毒。

(1) 临床症状。急性中毒时，病猪初期表现为精神不安、食欲减退、结膜潮红、鼻镜干燥、便秘、排便干而少、后肢行走不稳、磨牙、流涎、呕吐。病程中期表现为食欲废绝、吞咽困难、腹痛、腹泻、粪便腥臭带有黏液和血液。最后病猪卧地不起，失去知觉，呈昏迷状态，心跳加快，呼吸困难，全身痉挛，腹下皮肤出现紫斑。初期体温常升高到 $40\sim41℃$，后期体温下降。慢性中毒时，病猪食欲减退，消化不良，日渐消瘦，妊娠母猪常出现流产及死胎，哺乳母猪乳汁减少。公猪可有包皮炎、阴茎肿胀等症状。

(2) 预防措施。首先，在夏秋多雨季节更应注意对现有饲料在喂前进行检查，通常将饲料置于干燥、低温、通风良好处贮存。其次不用霉败变质饲料喂猪。对轻微发霉的饲料，应用低浓度的氢氧化钠溶液或草木灰水浸泡处理或用清水反复清洗，直到洗液清澈为止。清洗过的饲料必须与新鲜饲料搭配限量饲喂。发现有中毒现象后要立即停喂霉变饲料，改喂没有霉变的适口饲料，增喂青绿饲料，改善饲养环境。

(3) 治疗措施。急性中毒需要灌肠、洗胃。通常用 0.1% 高锰酸钾溶液、温生理盐水、2% 碳酸氢钠溶液灌肠洗胃。或用硫酸钠兑水内服，同时，皮下注射青霉素、链霉素、土霉素、磺胺脒等。

2. 饲料中存在亚硝酸盐等天然的有毒成分

亚硝酸盐中毒常见于猪摄入大量的青绿饲料，如白菜、萝卜叶、甜菜叶、莴笋叶、野菜及瓜藤等，这些饲料存储或调制不当，如长时间堆放发生腐烂、煮熟后闷放过久、盖锅煮未充分搅拌造成上层半生不熟等，使饲料中的硝酸盐转化为有毒的亚硝酸盐。

(1) 临床症状。猪中毒后，出现狂躁不安、痉挛倒地、口吐白沫，最终可能窒息死亡。该病一般发生在猪吃饱后不久，故又俗称"饱食瘟"。

(2) 预防措施。如果饲喂青绿饲料，应趁新鲜时清洗干净后饲喂，或是将其发酵后再喂，以保持维生素不被破坏，且不会引起猪中毒。如果要将青绿饲料煮熟饲喂，应用大火快煮，煮熟煮烂后趁温饲喂,不能用慢火煮得半开半温或加盖闷在锅里过夜;采用青绿饲料喂猪时,最好与玉米、麸皮、米糠、豆饼、豆粕等饲料搭配饲喂。

存放青绿饲料时,要将其摊开,不能堆放,且放在通风良好的地方,不能存放过久,防止霉烂变质产生亚硝酸盐。青绿饲料收割前禁止施用硝酸盐等化肥,否则会提高硝酸盐或亚硝酸盐含量。

(3)治疗方案。中毒后,用1%硫酸铜催吐,之后用0.1%高锰酸钾洗胃,再内服鸡蛋清、牛奶,并立即对耳、尾静脉放血。用5%葡萄糖、10%维生素C注射液混合后耳静脉注射。呼吸困难时,用3%双氧水、10%糖静注;配合肌内注射2%静松灵或30%安乃近,以缓解肌痉挛,也可肌内注射10%安钠咖10 mL,以促进呼吸和血液循环。

3. 食盐中毒

食盐俗称氯化钠,是动物机体必需的物质,用以维持正常生理活动,动物若一次性摄入食盐量过多,则会引起中毒甚至死亡。若给猪日常饲料中添加超过机体最大需要量的食盐,或是猪长期缺乏食盐状态下一次性投喂含食盐量高的食物,都可引发猪食盐中毒病。本病应以预防为主。

4. 有机氯农药中毒

有机氯农药,包括六六六、滴滴涕、毒杀芬、氯丹等会引起神经中毒,侵害神经系统及实质脏器。有机氯对富于脂肪的神经组织、肝、肾及心脏器官有侵害作用,因为其对脂及类脂质有特殊亲和力。有机氯中毒主要表现有不安、惊恐、抽搐等神经症状,也有少数表现为沉郁、昏睡等。

(1)预防。建议杀灭猪体表寄生虫时,如果用有机氯农药,要严格控制剂量和浓度,不要反复多次应用。这类农药在体内蓄积时间长,并可从母乳中排出,能引起仔猪中毒。

(2)治疗。经体表中毒时,快速用温肥皂水或2%碱水擦患处,最后用清水冲洗;经口中毒时,用1%~3%食盐水或2%碱水洗胃;内服盐类泻药(芒硝),因油类溶解有机氯,故禁止用油类泻药,以防促进其吸收加重病情;内服小苏打或3%~5%石灰水澄清液;对症疗法。

(三)细菌性疾病

1. 概念

细菌首先必须在机体内建立感染,它的致病性是一个多因素过程,细菌的吸附或者以其他方式进入宿主体内都包括在这个过程中。宿主的防御机制被避开,并复制出相当数量的细菌,将病原传播至其他的易感宿主,并对原宿主产生直接或间接的损害。宿主的免疫因子、体内初始的致病菌数量和细菌毒力在发病过程中都起到很重要的作用。

2. 致病机理

侵入组织和产生毒素是细菌致病的两大主要机制,细菌会产生细胞外物质,以吸附、穿透细胞,并促进入侵过程,最终战胜宿主防御系统。能将细菌吸附到宿主细胞表面的蛋白叫黏附素。许多致病大肠杆菌株的表面有种叫菌毛的细胞器,随着吸附的发生,它能够提供细菌避开宿主体液免疫反应和增殖的能力以调节细菌的吸附功能。例如,利用透明质酸进入宿主细胞内并在其中增生的单核细胞李斯特菌和耶尔森氏菌属(Yersinia)。如猪葡萄球(Staphylococcushyicus)产生凝固酶,β溶血链球菌产生链激酶,这些酶属于细胞外酶,能使细菌在宿主组织内广泛传播。这些细菌主要靠产生外毒素和内毒素的方法致病。外毒素主要是革兰氏阳性菌释放到细胞外环境中的蛋白。其致病力变化比较大,如肉毒菌毒素毒力非常大,化脓性链球菌(A. pyogenes)释放的毒素毒力则很弱。可以使猪致病的细菌,如产气荚膜杆菌、大肠杆菌的肠病原株、多杀性巴氏杆菌和猪葡萄球菌都可以产生外毒素。

革兰氏阴性菌的脂多糖成分是内毒素,位于细胞壁内。释放内毒素是革兰氏阴性菌毒力的重要组成部分,可以由生长活跃的细菌内释放,也可以是溶菌酶,它是由于某种抗生素作用而溶解或者成功战胜宿主防御机制而产生的。内毒素是由病原菌直接引起例如发烧、休克和弥散性血管内凝血症等很多临床症状的主要原因。因此,通过特异性的临床症状、大体剖检变化或流行病学特点可以对许多猪的细菌病做出诊断。排泄物、污染物或带菌猪的机械性转移以及直接接触或是间接接触、感染飞沫等都是细菌病传播的途径。

3. 革兰氏阳性菌及其致病后猪的主要临床症状

猪棒状杆菌致病后猪的主要临床症状为膀胱炎、肾盂肾炎;化脓隐秘杆菌致病后猪的主要临床症状为脓肿、关节炎、心内膜炎、乳腺炎、骨髓炎和肺炎;炭疽芽孢杆菌致病后猪的主要临床症状为炭疽;肉毒杆菌致病后猪的主要临床症状为肉毒杆菌中毒;气肿疽梭菌致病后猪的主要临床症状为黑腿病;索状芽孢杆菌致病后猪的主要临床症状为新生仔猪肠炎、假膜性结肠炎;产气荚膜梭菌致病后猪的主要临床症状为新生仔猪肠炎;水肿梭菌致病后猪的主要临床症状为猝死和肝炎;败血梭菌致病后猪的主要临床症状为恶性水肿;破伤风梭菌致病后猪的主要临床症状为破伤风;肠球菌属致病后猪的主要临床症状为肠炎;猪丹毒丝菌致病后猪的主要临床症状为猪丹毒;单核细胞李斯特菌致病后猪的主要临床症状为流产、脑炎、白血病;分枝杆菌属致病后猪的主要临床症状为结核;猪肺炎支原体致病后猪的主要临床症状为地方性肺炎;猪鼻支原体致病后猪的主要临床症状为关节炎、耳炎和多浆膜炎;猪滑炎支原体致病后猪的主要临床症状为关节炎;猪支原体致病后猪的主要临床症状为贫血、不育、生长率降低;马红球菌致病后猪的主要临床症状为肉芽肿淋巴杆菌;金黄色葡萄球菌致病后猪的主要临床症状为脓肿、关节炎、肠炎、乳腺炎、子宫炎、新生仔猪败血症和阴道炎;猪葡萄球菌致病后猪的主要临床症状为渗出性表皮炎;停乳链球菌致病后猪的主要临床症状为关节炎、心内膜炎、骨髓炎和败血症;猪链球菌致病后猪的主要临床症状为关节炎、心内膜炎、骨髓炎。

4. 胸膜肺炎放线杆菌及其致病后猪的主要临床症状

胸膜肺炎放线杆菌致病后猪的主要临床症状为胸膜肺炎;猪放

线杆菌致病后猪的主要临床症状为肺炎、败血症;支气管炎博德特菌致病后猪的主要临床症状为萎缩性鼻炎、肺炎;类鼻疽博霍尔德杆菌致病后猪的主要临床症状为类鼻疽、内痈、淋巴结脓肿;猪赤痢短螺旋体致病后猪的主要临床症状为猪痢疾;毛肠短状螺旋体致病后猪的主要临床症状为结肠螺旋体病;猪布鲁氏杆菌致病后猪的主要临床症状为猪布鲁氏菌病、流产、关节炎、不育;结肠、空肠弯曲杆菌致病后猪的主要临床症状为肠炎;大肠杆菌致病后猪的主要临床症状为大肠杆菌病、水肿病、膀胱炎、肠炎、乳腺炎、新生仔猪败血症;副猪嗜血杆菌致病后猪的主要临床症状为猪格拉斯氏病、关节炎、多浆膜炎;胞内劳森氏菌属致病后猪的主要临床症状为增生性肠炎;钩端螺旋体属致病后猪的主要临床症状为不育、死胎、弱胎;多杀巴斯德菌致病后猪的主要临床症状为肺巴斯达菌病、渐进性萎缩性鼻炎;肠炎沙门菌亚属致病后猪的主要临床症状为小肠和败血性沙门氏菌病;脚癣密螺旋体致病后猪的主要临床症状为皮肤螺旋体病;小肠结肠炎耶尔森菌致病后猪的主要临床症状为肠炎;假结核病耶尔森菌致病后猪的主要临床症状为结肠炎。

(四)病毒性疾病

1. 病毒

病毒颗粒和病毒的结构。

(1)病毒是细胞内的寄生物,单细胞,具有与其他已知的单细胞生物明显不同的特征。它们必须在活细胞内才能复制,这是所有病毒的一个重要特征。因为,它们复制所必需的各种原料都要依靠宿主细胞来提供。历史上病毒的概念之所以能够被确立,就在于其能够通过无菌材料(经过无菌膜过滤)后仍会导致疾病这一现象。使用小于 300 nm 小孔的材料过滤可以用作将病毒与细菌及其他微生物分离的方法。

(2)"病毒颗粒",独立于细胞外,具有完整的传染性。病毒颗粒内包含有 RNA 或 DNA,是编码复制作用和(或)结构作用的蛋白质。

(3)基因可以包含一个或多个片段,单链或双链,线性或环状。蛋白外衣("衣壳")用于保护病毒基因组,它们共同组成核衣壳。因核衣壳(未成熟的)穿过细胞膜,也就是细胞质的、胞质内或核膜所必需,核衣壳有时被一种外部结构("包膜")覆盖。由于在自然的过程中,病毒包膜表面还含有额外的蛋白,虽然病毒包膜的结构(双层脂膜)与细胞膜从来源上是相同的,但是,这些蛋白质是由病毒基因编码,并且这些蛋白可与处于包膜与核衣壳之间的基质蛋白(疱疹病毒为包膜)连接。这些薄膜蛋白,有时候称为包膜糖蛋白、包膜相关蛋白或者包膜突起,在病毒的感染复制过程中发挥关键作用。例如,它们参与病毒与附着受体结合,也参与膜融合、病毒脱壳以及子代病毒的释放(即受体破坏)过程。

病毒新合成的成分在宿主细胞核和细胞浆内组装而成。完成组装后,它们离开细胞,离开方式有出芽、膜融合和胞溶。一些非结构蛋白(病毒 DNA/RNA 聚合酶)内含有病毒颗粒,这些蛋白可在下一轮复制的起始阶段合成病毒基因组的中间复制形态。或者,病毒的基因组可能编码聚合酶或复制酶,同时在病毒复制周期的起始阶段会表达复制蛋白。

2. 病毒的分类

日前,病毒由(1)基因特征(RNA/DNA、成股/片状/环状/线状、极性/单倍体/双倍体)和(2)病毒结构(形态学、包膜、衣壳对称性、衣壳数目)两种条件组成,基因特征为首要条件,病毒结构为次要条件。次要条件是病毒复制的方法。根据初级特征,病毒可分为有包膜的 DNA 病毒、无包膜的 DNA 病毒、有包膜的 RNA 病毒和无包膜的 RNA 病毒。

了解病毒属于哪种类型具有临床应用价值。例如 DNA 病毒的抗原性比 RNA 病毒更稳定,因为从遗传学角度,DNA 病毒比 RNA 病毒在复制过程中更稳定。即,有膜的病毒比无膜的病毒对环境应激更敏感,也就是说,当遇到清洁剂或脂类溶剂时,有膜的病毒更容易失去传染性。了解这些基本的概念,有助于制定应对不同类别病毒引起的疾病的防控策略。国际委员会根据病毒的分类学的规则（ICTV）制定病毒的分类和命名法。目、科、亚种、属、种是通用的病毒分类级别顺序，目前用于具有较远遗传净化关系的科归类，例如保守基因、序列或区域。那些在同一科中有复杂关系的病毒用亚科分类。病毒被分类为"毒株"或"变异株"，这是在种以下的分类，不是正式的分类或分类标准，但对病毒诊断和疫苗开发有用。

3. 可感染猪的病毒

主要有伪狂犬病毒、猪巨噬细胞病毒、猪嗜淋巴疱疹病毒、莱斯顿埃博拉病毒、猪腮腺炎病毒、水泡性口膜炎病毒、狂犬病病毒、猪繁殖与呼吸道综合征病毒、猪流行性腹泻病毒、传染性胃肠炎病毒、猪呼吸道冠状病毒、血凝性脑脊髓炎病毒、猪环曲病毒、猪水泡病病毒、口蹄疫病毒、猪博拉病毒、猪肠道病毒、塞内卡谷病毒、猪腺病毒、猪细环病毒、非洲猪瘟病毒、猪星状病毒、猪水疱疹病毒、猪札如病毒、猪诺如病毒、猪圆环病毒、日本乙型脑病毒、猪瘟病毒、猪戊型肝炎病毒、猪流感病毒、猪细小病毒、猪痘病毒、猪轮状病毒、猪呼肠病毒、猪的内源性逆转录病毒等。

（五）寄生虫类疾病

机体被寄生虫侵入而引起的疾病，被称为寄生虫病。一般情况下因寄生虫侵入引起的病理变化和临床表现会因虫种和寄生部位不同而异。本类疾病世界各地均可见到，分布广泛，但以贫穷落后、卫生条件差的地区多见，热带和亚热带地区更多。

1. 常见猪寄生虫病及其防治措施

（1）猪球虫病。猪球虫病是以引起仔猪的腹泻为主要临床症状的疾病。本病在成年猪群一般不引起临床表现，但成年猪可能带虫，可成为本病的传染源。若是母猪带虫，会引起仔猪全窝死亡或全窝发病。

①预防措施。坚持科学饲养制度，自繁自养、全进全出；定期打扫消毒圈舍，清除粪便和更换垫草，保持圈舍清洁干燥并消毒，常用

甲醛、戊二醛、环氧乙烷熏蒸法消毒,或用过氧乙酸喷雾法、加热火焰法消毒;也可用3%~5%的火碱水消毒。产房要彻底清除干净,用50%以上的漂白粉或氨水复合物熏蒸过夜。常发该病的猪场,可选用合适的疫苗进行免疫预防。

为了防止人为携带虫卵进入产房造成传播,饲养员进入产房,必须要更换衣服和鞋子。为防止母猪携带虫卵,母猪在进产房前,应对其进行粪便虫卵含量检查,若含量较高,应喂服三字球虫粉3~5 d,并对其全身刷洗、消毒。仔猪出生3 d后,为防止感染扩散,应该避免交叉哺乳,各产房栏的清扫、饲喂用具不能混用。

②治疗方案。应用磺胺类、抗硫胺素类、均三嗪类、莫能霉素、氯苯胍等药物进行防治,能收到不错的效果。

(2)猪蛔虫等肠道线虫病。猪肠道的寄生线虫有许多,包括猪蛔虫、猪鞭虫、猪结节虫、猪钩虫和猪杆虫等。其中以猪蛔虫和猪鞭虫分布较广,危害严重。

①主要症状。病猪食欲减退,精神萎靡,并带有消瘦、贫血、下痢、粪便带黏液等症状。还会出现咳嗽、呼吸急促等症状;虫侵入肠道时,会出现呕吐、卧地、腹痛等症状,虫体可能会导致肠阻塞或肠破裂等。

②预防措施。首先对产房和猪舍进行彻底清洗和消毒,及时清除粪便和垫草,粪便与垫草应堆积发酵,猪舍用3%敌百虫喷洒消毒灭卵。产前母猪要全身擦洗、消毒,除去虫卵后方可赶入产房;产仔后应尽量减少仔猪与母猪粪便的接触。其次投喂驱虫性抗生素,如潮霉素B和越霉素A,其有良好的驱虫和促进生长作用。最后应做到定期驱虫。散养育肥猪可在3月龄和5月龄各驱虫1次;规模化饲养场,应对猪全部驱虫,以后公猪每年至少驱虫2次;母猪产前1~2周驱虫1次,仔猪转群时驱虫1次,后备母猪配种前驱虫1次,新引进猪须驱虫后再和其他猪并群。

③治疗方法。盐酸左旋咪唑、驱蛔灵(枸橼酸哌吡嗪)、丙硫苯咪唑、噻嘧啶酒石酸盐、噻苯唑等药物能起到好的效果。

(3)猪弓形虫病。龚地弓形虫,作为猪弓形虫病的病原,是细胞内寄生虫,可引起人畜共患寄生虫病。猪弓形虫病,一年四季均可发生,气候反常时多发,在温暖和潮湿的地区最为普遍,发病率和死亡率较高,为50%以上。

表现为急性病例,症状与猪瘟很相似,较为典型。仔猪体重在 10~50 kg 时,发病较严重。病猪在发病后由于虫体产生毒素,5~6 d 时会出现发热,体温升高至 40~42℃,大多数呈稽留热,持续 7~10 d。病猪会出现如下症状:食欲减退或废绝,喜饮水;精神萎靡,呼吸急促,呈腹式呼吸或犬坐式呼吸;行走摇摆,后肢无力;眼结膜充血,眼角有脓性分泌物黏附;体表淋巴结,尤其是腹股沟淋巴结明显肿大。小猪多腹泻,粪便呈灰绿色或煤焦油状,无恶臭;大猪多便秘,粪干并带有肠黏膜,尿呈橘黄色。随着病程的发展,病猪的耳朵、鼻端、四肢末端、下腹部等部位出现紫红色斑块或在皮下有小出血点,有些病猪在耳壳上形成痂皮,耳尖发生干性坏死,最后因呼吸困难、卧地不起、体温急剧下降而死。怀孕母猪可发生流产、死胎,产下的仔猪陆续发生死亡,部分急性病猪可转为慢性,并最终成为僵猪。

2. 猪驱虫的原则

寄生虫病作为猪的一种常见病,对其生长发育有严重影响。危害猪群的寄生虫主要有蛔虫、鞭虫、疥螨、跳蚤、蚊、蝇等体内或体表寄生虫。要加强对猪的饲养管理,做到及时驱虫。

(1)首先应用药物驱虫,选择新型广谱、高效、安全的驱虫药。例如选择左旋咪唑、敌百虫、盐酸噻咪唑、哌嗪等药物驱线虫;选择硝硫酚和硫双二氯酚等药驱吸虫;选择吡喹酮驱囊虫;选择乙氨嘧啶、磺胺类等药物驱弓形虫;选择粉剂等药物用于防治蜱螨等体外寄生虫病。驱虫药的使用不能过量,但也不能分量不足,且为了避免产生抗药性或耐药性,药物用一段时间后要及时更换。以下简单介绍一些驱虫药物的使用情况。

①精制敌百虫:内服,按每千克体重给药 0.08~0.10 g 的量饲

喂。如果晚上给药,第2天早上即可排虫。

②盐酸左旋咪唑:主要用于各种动物的蛔虫病、蛲虫病和肺线虫病等,为广谱驱虫药,对胃肠道的70余种线虫及其幼虫有效。该药在饲喂前30~60 min投药,分为片剂、擦剂和针剂3种。片剂内服量为每千克体重8 mg;擦剂按每5 kg体重0.1 g涂于颈背部皮肤(先将局部洗净、擦干);针剂皮下或肌内注射,每千克体重5~6 mg。

③丙硫咪唑:对成虫的效果较好,给猪内服,按每千克体重10~20 mg的量给药。

④齐全打虫星:按每千克体重1 g的量给药。

⑤驱虫精:按每千克体重20 mg的量给药。

(2)选择适宜的驱虫时间。用药时间是否适当直接影响驱虫效果,给猪驱虫投药时间要适宜,投药过早达不到驱虫效果,太迟则影响猪的发育。应根据虫体的种类、发育情况和季节确定驱虫时间。及时驱虫可以明显提高仔猪的生长速度和饲料报酬。仔猪感染寄生虫的主要来源为母猪以及其接触的环境,在母猪产前驱虫,可切断母猪和仔猪间的寄生虫传播环节。

冬季是驱虫的黄金季节,在这个季节驱虫,可收到事半功倍的效果。通常情况下,最好在猪45~60日龄时首次进行驱虫。第1次用药后,每隔60~90 d驱虫1次。且驱虫宜在晚上进行。

(3)正确的投药方法

①单独饲养的猪,准备投药前可先停食1次,将药物与少量精料一起拌匀,到晚上7~8点钟时放入食槽中投喂,保证一次性吃完,然后再喂常用饲料;也可将药物溶解在少量的水中经口灌服。若猪不吃,可在饲料中加入少量盐水或糖精,以增强混药料的适口性。

②群养猪应多准备一些饲槽,投喂饲料量要多于饲料常量,以猪吃食后略有剩余为好,以避免强者多食而发生中毒现象。计算好总的用药量,将药研碎均匀地拌入饲料中。驱虫期一般为6 d。猪要在固定地点圈养,以便清理和消毒场地。

(4)配合措施

①猪驱虫后一个星期内,应每天清扫粪便,集中单独堆放,进行发酵杀灭虫卵,或是焚烧、深埋,以免排出的虫体、虫卵被猪食后再感染。

②驱虫后隔日投喂碳酸氢钠(每千克体重1 g),再隔日用大黄苏打片健胃。

③圈舍场地及食槽、用具要彻底消毒。猪舍地面、墙壁和饲槽要用5%的石灰水消毒。

(5)观察驱虫效果

若出现呕吐、腹泻等中毒症状应立即将猪赶出栏舍,让其自由活动,缓解中毒症状;严重者投喂煮得半熟的绿豆汤;如有腹泻者,取木炭或锅底灰50 g拌入饲料中喂服,连续2~3 d。

3. 做好猪场环境除虫

好多猪场只注重猪的驱虫,不注意环境卫生,造成猪反复感染。因此会出现猪寄生虫病年年防治,但始终不能根除的现象。杀灭外界环境中的寄生虫卵和幼虫对于根除寄生虫病尤为重要。

(1)环境除虫。猪场应设置专门的产仔间,并且要严格消毒;新生仔猪有专用猪舍;怀孕母猪应及时驱虫,临产前彻底洗净母猪全身;注意投喂清洁的饮水和饲料;猪舍地面应有一定坡度,以防积水;勤除粪。

(2)粪便处理。猪体内如有寄生虫或虫卵,它们会随粪便排出,如果粪便清理不及时及不进行无害化处理,虫卵在外界适宜条件下很快就发育成为感染性幼虫,污染外界环境,成为新的污染源,造成重复感染。因此,猪舍内的粪便应及时清理并做无害化处理。对于寄生虫严重感染的猪场,除一般的清洁卫生外,还应对舍内地面、墙壁、饲槽使用10%~20%的石灰乳或10%~20%的漂白粉液消毒,以杀灭寄生虫卵,减少再次感染。粪便和垫草清除出圈后,要运到距猪舍较远的场所堆积发酵。在发酵过程中,发酵池内的温度可在60~70℃,既能杀灭寄生虫虫卵又能杀死一般性病原体。

(3)预防病原传入已控制或基本消灭寄生虫的猪场。当引入新猪时,应先隔离饲养,进行粪便检查,以确定是否有寄生虫感染;发现体内有寄生虫的猪,须对其进行1~2次驱虫,并再次检查,确保无寄生虫后方能并群饲养。

(4)药物预防。当从粪便中检查出虫卵时,宿主体内已有大量的成虫寄生,虽然用驱虫药可将成虫驱除,但已经对猪造成危害。在猪群中,仔猪较易感染寄生虫,为防止仔猪感染,应在补料时使用少量驱虫药进行预防。

(六)传染病

凡是由病原微生物引起,具有一定的潜伏期和临诊表现,并具有传染性的疾病,称为传染病。传染病的表现虽然多种多样,但亦具有一些共同的特征。

1. 传染源

传染病是在一定环境条件下由病原微生物与机体相互作用所引起的,每一种传染病都有其特异的致病微生物存在。

2. 具有传染性和流行性

从患传染病的病猪体内排出的病原微生物,侵入另一种易感猪体内,能引起同样症状的疾病。像这样使疾病从病畜传染给健康猪的现象,就是传染病与非传染病区别的一个重要特征。当环境条件适宜时,在一定时间内,某地区易感动物群中可能有许多动物被感染,致使传染病蔓延散播,形成流行。

3. 被感染的机体发生特异性反应

在传染发展过程中由于病原微生物的抗原刺激作用,机体发生免疫生物学的改变,产生特异抗体和变态反应等。

4. 耐过动物能获得特异性免疫

动物耐过传染病后,在大多数情况下均能产生特异性免疫,使机体在一定时期内或终生不再感染该种传染病。

5. 具有特征性的临诊表现

大多数传染病都具有该种病特性的综合症状和一定的潜伏期

和病程经过。

二、猪疫病的诊断方法

（一）临床诊断

临床诊断是利用人的感官或借助一些简单的器械如体温计、听诊器等直接对病畜进行检查，包括血、粪便的常规检验，是最基本的诊断方法。在进行临床诊断时，应注意不要单凭个别或少数病例的症状轻易下结论，应对整个发病猪群所表现的综合症状加以判断，以防止误诊。

（二）流行病学诊断

流行病学诊断是一种经常与临床诊断联系在一起的，针对患传染病的猪群体的诊断方法。一般应弄清下面有关问题。

（1）本次流行的情况。最初发病的地点及时间，随后蔓延的情况和目前的疫情分布，疫区内猪的数量、分布情况以及品种，发病猪的性别、种类和年龄，弄清楚感染率、发病率、病死率和死亡率等情况。

（2）疫情来源的调查。查阅当地历史资料，了解本地过去什么时候、什么地方发生过类似的疫病？流行情况怎么样？确诊情况怎么样？什么时候采取过什么样的防治措施？效果怎么样？本地如果没有发生过类似疫情，附近地区以前是否发生过？本次疫情发病前，是否由其他地方引过种？等等。

（3）传播途径和方式的调查。调查清楚本地各类猪只的饲养管理方法，猪只的流动及防疫卫生情况怎么样？病死猪只是怎么处理的？查清楚有哪些因素可能助长疫病传播蔓延？有哪些控制疫病传播蔓延的经验？弄清楚疫区的地理形势、气候、交通以及节肢动物等的分布、活动情况，这些情况与疫病的发生和蔓延传播有无关系？

(4)了解饲养员生产、生活、活动的基本情况,畜牧兽医机构和机构工作基本情况,以及该地区的政治、经济基本情况等。

(三)病理学诊断

病猪尸体大多具有一些病理变化,可作为诊断传染病的依据之一。如猪瘟、猪气喘病等具有特征性的病理变化,通常有较大的诊断价值。有一些病例,特别是最急性死亡的病例和早期屠宰的病例,特征性的病变可能还没有出现,因此进行病理剖检诊断时应选择症状较典型的病例。有些疫病除肉眼检查外,还需做病理组织学检查。有些病还需检查特定的组织器官,如疑为狂犬病时要取脑海马等组织进行包涵体检查。

(四)微生物学诊断

诊断猪传染病的重要方法之一,就是运用兽医微生物学进行病原学检查。一般常用下列方法和步骤:

(1)病料的采集。用正确的方法采集病料有助于微生物学诊断,病料尽量做到新鲜,最好的方法是病猪濒临死亡时或死后数小时内采取病料。要做到用具、器皿严格消毒,尽量没有杂菌的污染。采取的病料要求病原微生物含量多、病变部位明显,同时易于保存和运送。通常根据所怀疑病的类型和特性来决定,需要采取哪些器官或组织的病料。如果剖检时不能分析诊断属于何种病,又缺乏临诊资料,取材时应全面,同时要注意取病变的部位。

(2)病料涂片镜检。通常选取不同组织、不同器官、不同部位的病变部位涂抹染色片,进行染色镜检。

(3)分离培养和鉴定。用人工培养方法,选择适当的人工培养基,将细菌、真菌、螺旋体等病原体从病料中分离出来。用禽胚或各种动物组织培养的方法将病毒分离培养,分得病原体后,再用形态学、培养特性、动物接种及免疫学试验等方法做出鉴定。

(五)动物接种试验

通常选择一种动物进行人工感染试验,将病料用适当的方法进行人工接种,这种动物必须对该种传染病病原体是最敏感的,然后根据对不同动物的致病力、症状和病理变化特点来帮助诊断。当试验动物死亡或经一定时间被杀死后,通过观察其体内变化,以及通过采集病料涂片检查、分离进行诊断。

(六)常见猪传染病的实验室诊断技术

1. 病原的分离鉴定

病原的分离培养是传染性疾病诊断的标准之一,这种方法被广泛应用于传染病诊断以及病原的研究方面,被誉为兽医传染病研究的黄金标准。但是病原的分离鉴定方法也存在操作复杂、周期较长等方面的不足。有些传染病的病原可能具有严重的危害性或是某些特殊性,分离鉴定工作只能在生物安全防护实验室(P3实验室)进行,如口蹄疫病毒、布氏杆菌等。

2. 血清学检测技术

利用抗体与相应抗原之间发生特异性反应的一种检测方法被称为血清学检测技术,包括凝集试验(agglutination test)、沉淀试验(Precipitation tests)、补体结合试验(complement fixation test,CFT)等。此种方法操作简便,且所需时间短,被广泛应用于人类、动物和植物的细菌、病毒等传染病的诊断、检测、鉴定及抗体水平监测中。缺点是抗体交叉反应及结果的判断中,有人为观察的主观性,易出现假阳性反应。

3. 变态反应检测

在山羊和绵羊的布氏杆菌和结核杆菌的临床检测中常常用到变态反应检测技术,但山羊的变态反应试验读取结果不尽人意,不如绵羊变态反应试验那样相对容易读取,此试验对山羊中、疫病进入中后期诊断意义较大,一般不用作个体山羊的诊断依据。适用于山羊布氏杆菌病的群体筛检。

4. 酶联免疫吸附试验

在适合的载体上,酶标记抗体或抗原与相应的抗原或抗体形成酶标记的抗原-抗体免疫复合物,在一定的底物参与下,复合物上的酶催化底物,使其水解、氧化或还原成另外一种带色物质。由于在一定条件下,酶的降解底物和所呈现的色泽是成正比的,因此,可以应用酶测定仪进行测定,从而计算出参与反应的抗原和抗体的种类和含量。这种方法叫作酶联免疫吸附试验(enzyme linked immunoassay assay,ELISA),是免疫技术中应用最广的一种。

5. 免疫胶体金技术(Immune colloidal gold technique)

免疫胶体金技术是一种新型的免疫标记技术,以胶体金作为示踪标志物应用于抗原抗体。胶体金是一种特定大小的金颗粒,由氯金酸(HAuCl4)在还原剂如白磷、抗坏血酸、枸橼酸钠、鞣酸等作用下聚合而成,并在静电作用下成为一种稳定的胶体状态,所以称之为胶体金。在弱碱环境下,胶体金带负电荷,它可与蛋白质分子的正电荷基团形成牢固地结合,这种结合是静电结合,不会影响蛋白质的生物特性。胶体金有一些物理性状,如高电子密度、颗粒大小、形状及颜色反应等,再加上一些结合物的免疫和生物学特性,胶体金还可以与许多其他生物大分子结合,如 SPA、PHA、ConA 等。这使得胶体金被广泛地应用于免疫学、组织学、病理学和细胞生物学等领域。

6. 病原的分子生物学检测

近年来发展起来的一项传染性病毒病的分子生物学诊断技术,即聚合酶链式反应(PCR,polymerase chain reaction),具有特异性强、快速、高效、反应灵敏等特点,主要是通过检测材料中的病毒核酸(DNA/RNA)完成检测,现已广泛应用于科学研究和疾病诊断领域。目前,除了常规 PCR 检测技术,又发展出多重 PCR、实时荧光定量 PCR、巢式 PCR 等技术。

多重 PCR 技术是在同一反应中用多组引物同时扩增几种基因片段,主要用于同时检测多种病原传染病或同一病原的分型、多个点突变的分子病的诊断。

巢式PCR技术(NEST-PCR)：先用一对靶序列的外引物扩增以提高模板量，然后再用一对内引物扩增以得到特异的PCR带，此为巢式PCR。若用一条外引物作内引物则称之为半巢式PCR。为减少巢式PCR的操作步骤，可将外引物设计得比内引物长些，且用量较少，同时在第一次PCR时采用较高的退火温度，而第二次采用较低的退火温度，这样在第一次PCR时，由于较高退火温度下内引物不能与模板结合，故只有外引物扩增产物，经过若干次循环，待外引物基本消耗尽，无需取出第一次PCR产物，只需降低退火即可直接进行PCR扩增。这不仅减少了操作步骤，同时也降低了交叉污染的机会。这种PCR称中途进退式PCR，主要用于极少量DNA模板的扩增。

实时荧光定量PCR技术是指在PCR反应体系中加入荧光基团，利用荧光信号积累实时监测整个PCR进程，最后通过标准曲线对未知模板进行定量分析的方法。实时荧光定量PCR技术于1996年由美国Applied Biosystems公司推出，由于该技术不仅实现了PCR从定性到定量的飞跃，而且与常规PCR相比，它具有特异性更强、有效解决PCR污染问题、自动化程度高等特点，目前已得到广泛应用于科研及病原的定量检测。

7. 寄生虫病诊断检测技术和发展趋势

寄生虫病研究的主要方面有寄生虫病的诊断、寄生虫病原的分类、寄生虫病的防控等。流行病学、临床诊断、寄生虫学剖检、实验室病原学诊断、治疗性诊断、免疫学诊断和分子学诊断等是寄生虫病的诊断主要方法。分子生物学诊断技术主要包括DNA探针和聚合酶链反应(PCR)两种技术，通常也被称为基因和核酸诊断技术。目前对羊只定期驱虫和加强饲养管理等是寄生虫病的主要防控措施。随着人们对家畜寄生虫病的重视，对寄生虫病的防控投入越来越大。但是寄生虫防治药物的使用，也使得寄生虫的耐药性越来越强，未来寄生虫药物开发的方向，就是开发出防治效果好的广谱性药物,或是选择性地开展动物寄生虫病的生物性防治的工作。

对寄生性害虫,采取生物控制措施取得了令人瞩目的成果。一些昆虫性害虫及寄生性线虫生物性防治案例取得了成功。生物防治对于畜牧业的可持续发展、环境保护、维护生态平衡、发展无污染的绿色畜牧产品方面,具有极为重要的意义。就现阶段而言,生物控制的方法既可以单独使用,也可以与其他非化学药物方法或有限化学药物方法结合起来使用。生物控制可分三类:一是完全生物控制,也就是采用生物控制技术,将寄生虫感染完全控制在经济损害水平之下。二是主要生物控制,即化学药物的使用降低在57%,应用生物控制技术与化学药物处理相结合的方式对寄生虫感染进行防治。三是部分生物控制,它可以使化学药物的使用降低50%~57%,但在这种模式里,生物控制不能将寄生虫感染降低到经济损害水平之下。

丹麦皇家兽医大学 Peter Nansen 教授领导下的实验室,在利用捕食线虫性真菌控制家畜线虫感染方面取得了很大进展,这引起了国际寄生虫学界的广泛关注,许多发达国家用捕食线虫性真菌对寄生虫病进行生物控制研究。

三、猪疫病的防控方法

免疫是预防猪病最重要的措施之一。在农村,特别是那些位于较密集乡村的养猪场,空气传播疾病无法阻挡,即使一些规模养殖场防疫观念相对较好,但是大多数猪场场内母猪做不到全进全出,仔猪也很难做到严格意义上的全进全出。因此,对于养猪专业户来说,针对当地流行的主要疾病选用适合的疫苗做好免疫预防工作是猪场预防疾病的关键,还应当尽力提高猪整体的抗病力和免疫力,避免猪发生传染性疾病。

疫苗是由免疫原性较好的病原微生物经繁殖和处理后制成的生物制品,它的主要作用是预防传染病。接种于动物机体后,疫苗可以刺激机体产生特异性的抗体,当机体内的抗体滴度达到一定数值后,就可以抵抗这种病原微生物的侵袭、感染,起到预防这种疾病的作用。

(一)疫苗的种类及特点

(1)分类。按制成疫苗病原微生物的不同可简单分为细菌性疫苗和病毒性疫苗;按其生物活性可分为活苗和死苗(灭活苗)两大类。

细菌性疫苗包括活菌疫苗(弱毒苗)和死菌疫苗(灭活苗)两类,是由细菌、霉形体、螺旋体等病原体制成的疫苗。如猪肺疫是活疫苗、猪萎缩性鼻炎(克伟)是多价灭活疫苗等。

病毒性疫苗包括活病毒疫苗(活苗)和死病毒疫苗(灭活苗)两类,由病毒制成的疫苗如活毒苗的猪瘟疫苗,灭活苗的猪口蹄疫苗等。除以上几种疫苗外,常见的疫苗还有抗独特型抗体疫苗、同源组织灭活疫苗(脏器苗)、寄生虫疫苗等。

(2)特点。活疫苗特点是机体接种少量疫苗后能够自动复制,产生抗体快,可产生细胞、体液、黏膜免疫等,使机体获得长远和完全的免疫,不需要多次免疫即可得到免疫记忆,一般不会引起过敏反应;但是此种免疫易受母源抗体影响,有时候若是疫苗保存不当会影响其效力,进而引起免疫失败。还有一些病原体如果不能致弱,则会发生机体排泄病原体的现象。

灭活苗的特点是安全不排毒,其受环境因素影响较小,一般受母源抗体的影响,机体免疫后病原体不能繁殖,只起到刺激体液免疫反应的效果。但是灭活苗只能肌肉注射,其只能引起相对比较短的系统免疫,对细胞和黏膜免疫比较弱,为了建立起完全的免疫和保证免疫记忆,需要多次接种,且常发生过敏反应。

(二)各类疫苗的保存

(1)真空冻干疫苗:为了延长疫苗的保存时间,保持疫苗效价的稳定性,大多情况下采用冷冻真空干燥的方式保存冻干疫苗。真空冻干疫苗的保存条件为:-15℃以下,一般保存期2年;2~8℃,保存期9个月。

(2)油佐剂灭活疫苗:大多数病毒性灭活疫苗以白油为佐剂乳化而成。该类苗中的油佐剂能起到使抗原物质缓慢释放的作用,目的是延长疫苗的作用时间。此类疫苗需要严防冻结,一般在2~8℃保存。此外,蜂胶佐剂灭活疫苗、铝胶佐剂疫苗原理也类似。

(三)疫苗购买、运输、贮存的注意事项

(1)为了确保疫苗的质量,购买疫苗时,应仔细检查疫苗瓶身是否有裂纹,瓶内是否有异物以及有效日期等,是否与要买的疫苗相一致等。各类疫苗要有专人采购和专人保管,购买农业农村部批准的正规厂家生产的疫苗。疫苗在运输过程中,应确保冷藏运输,应用专门冷链设备运输或是放入装有冰块的保温箱内运输。

(2)活疫苗一般在-15℃条件下保存,灭活苗在2~8℃条件下保存,国外的进口苗(不论是活苗还是死苗)一般要求是在2~8℃条件下保存。灭活苗不能冷冻,分层后将不能再使用。活苗要求在-15℃条件下保存,这给疫苗的保存、运输和使用带来极大的不便,现已研制成功了一种疫苗耐热保护剂。

(3)后海穴位注射法。后海穴在尾根与肛门之间的部位,注射时稍往上倾斜,否则容易注到直肠内,造成免疫失败。

(4)肺内注射法、气管内注射。一般较少应用,支原体活苗采用这种方式,一般不容易操作。

(5)滴鼻接种法。目前只是猪伪狂犬病疫苗采用滴鼻接种,它一般只引起局部黏膜免疫,持续期短,之后还要再进行免疫接种。

(四)制定免疫程序时应考虑的主要影响因素

免疫最为关键的问题就是猪场在合适时间接种合适的疫苗,应该考虑本地区各种疫病的流行特点,结合本猪场的饲养管理、母源抗体的干扰情况,以及疫苗的性质、类型等各方面因素,再结合免疫抗体监测结果,制定适合本场的免疫程序。制定免疫程序时应考虑

到以下几个方面:

(1)弄清楚本地区流行的猪病疫情,本猪场发生过什么病、发病猪日龄和发病程度,依此来考虑使用疫苗的种类以及免疫时间。本地区、本场尚未证实发生的疾病,必须在证明本场确实已受到严重威胁时才能计划接种。

(2)母源抗体对免疫效果的影响。母源抗体的被动免疫可以有效地保护新生仔猪,但是如果仔猪体内的母源抗体较高,则会影响新生仔猪的疫苗免疫效果。特别是用弱毒活疫苗接种新生仔猪时,如果仔猪母源抗体水平高,那么就不宜接种弱毒疫苗,因为这会给疫苗的免疫接种带来许多负面影响。

(3)接种两种或多种不同疫苗时,疫苗相互之间会产生干扰,原因有以下两点:一是同一种受体或是相似受体感染两种病毒,两种病毒之间会产生竞争作用;二是细胞被病毒感染后会产生干扰素,那么先感染的病毒会影响另一种病毒疫苗的复制。所以同时免疫接种两种或多种弱毒苗往往会产生干扰现象,一般两种疫苗之间至少间隔一周以上再进行预防接种。

(4)有些疾病的预防应该注意季节性,如夏季应该注意预防日本乙型脑炎,秋冬季应该注意预防传染性胃肠炎和流行性腹泻等。

(5)猪场应该根据本场的实际情况,制定适合本场的免疫程序,选择疫苗时应该考虑是否适合本猪场,以及疫苗的血清型是否与本场相适应。同时还应当根据实际防疫的监测结果定期作适当调整。

(五)注射疫苗时应注意的事项

(1)检查疫苗的名称、生产厂家、生产批号、有效期、物理性状、贮存条件等是否与说明书相符,明确其使用方法及有关注意事项等,这是疫苗使用前必须注意做的,要严格遵守,以免影响使用效果。对于一些没有生产批号、没有详细说明书、过了使用期限、瓶塞不紧、出现上下分层及颜色异常或来源不明的疫苗均应禁止使用。在疫苗稀释时要注意稀释液是否能自动吸进去(即真空),并将疫苗生产厂家、批号、免疫情况等做备案。疫苗在使用过程中应注意：一是稀释的疫苗要达到室温时才能注射；二是应避免阳光直接照射疫苗瓶；三是疫苗一旦启封使用，最好在1~2 h内尽快用完，不能隔日再用。

（2）疫苗注射前，应注意将注射器、针头、镊子等器具洗净并煮沸20 min进行灭菌。注射过程应当严格消毒最好能做到一猪换一个针头，至少要做到一圈换一个注射针头；注意先免疫注射身体状况较好的猪，最后免疫注射健康状况相对差些的猪，以防止发生交叉感染。吸苗时，可用一个经过灭菌处理的针头，插在瓶塞上不拔出，再在针头上裹上挤干的酒精棉球专供吸药用。疫苗一旦吸出，就不应再回注入瓶内，可注入其他专用空瓶内进行消毒处理。

（3）注射疫苗时，为了确保疫苗液真正足量地注射入肌肉内或皮下，要做到以下几点：一是注射器刻度要清晰，不会滑杆、不会漏液；二是要有准确的注射剂量，不漏注；三是进针要稳，拔针要快，避免打"飞针"等。

（4）疫苗免疫前，要认真检查猪群的健康状况，清点猪数量，确保即将进行免疫的猪只是健康无病的，避免因免疫引起死亡，并且预期的免疫效果也很难达到。免疫的时候，应该做好登记，确保每头健康猪都被免疫，猪只的健康状况不具备免疫条件的应该做好记录，等体质恢复后补免。免疫后，要注意观察猪群情况，如若发现异常应及时处理。

（5）猪场若决定新增设疫苗免疫，要先做小群试验，试探疫苗是否适合以及探索出适合的免疫程序。对于本场一直使用的疫苗应该做到尽量不更换疫苗的生产厂家，以免影响免疫效果，若必须更换的，最好也做一下小群试验。

（6）免疫接种完毕后，将所有用过的疫苗瓶及接触过疫苗液的瓶、皿、注射器等进行消毒等无害化处理。

（7）疫苗免疫接种时，要防止药物对疫苗的干扰，还要防止疫苗间的相互干扰。注射病毒性疫苗的时候，注射前后3 d要严禁使用抗病毒药物。为了减少相互干扰,两种病毒性活疫苗的使用间隔最好为7~10 d。但是病毒性活疫苗和灭活疫苗可同时注射,但要分开使用。两种细菌性活疫苗可同时使用,但也不能把两种疫苗混合在一起注射。猪应激反应较大的疫苗不应该在一起使用,如口蹄疫不宜与其他苗同时注射。如果注射的是活菌疫苗,则注射前后7 d内应该严禁使用抗生素。但是抗生素对灭活细菌性疫苗没有影响,可以同时使用。

(8)注射疫苗时,注射部位尽量保持干净,可先用5%的碘酊消毒,之后再用75%的酒精脱碘,待干燥后再注射,以达到最好的免疫效果。免疫接种时,为了保证疫苗液的注射效果,要垂直进针,防止针头弯折,保证注射到肌肉或是皮下,不能扎到骨头上。使用的针头型号及长度:哺乳仔猪是(7~9)mm×10 mm,断奶仔猪是9 mm×20 mm,育成和后备猪用12 mm×38 mm,基础公、母猪用16 mm×45 mm。

(9)对猪进行疫苗免疫接种时,应准备好盐酸肾上腺素、地塞米松等抗过敏药物,以免个别猪只因个体差异,在注射油佐剂疫苗时出现过敏反应(表现为呼吸急促、全身潮红或苍白等)。

(六)影响免疫效果的因素

免疫反应受到遗传和环境等诸多因素的影响,即使在一个免疫群体中,免疫水平也不会相等。而且免疫应答是一个生物学过程,不可能提供绝对的保护。对猪群的免疫力产生影响的因素主要有以下几点。

(1)遗传因素。遗传因素在一定程度上控制动物机体对抗原的免疫应答。不同品种的猪遗传因素差异很大,免疫应答的差异也很大,即使同一品种不同个体之间,对同一疫苗的免疫反应程度也不一致。

(2)环境因素。猪体内神经、体液和内分泌在一定程度上调节免疫功能。当环境发生改变会引起猪体不同程度的应激反应,如过冷、过热、湿度过大、通风不良等。这些应激反应可导致猪体接种疫苗后不能达到相应的免疫效果,表现为抗体水平低、细胞免疫应答减弱等,对抗原免疫应答能力下降。所以在应激强的去势、断奶、转群等时期应避免注射疫苗。

（3）营养状况。免疫机制中不可忽略的因素之一,即营养状况。例如机体中维生素 A 缺乏,则会导致淋巴器官萎缩,进而影响淋巴细胞的分化、增殖、受体表达与活化等,可使体内吞噬细胞的吞噬能力下降,T 细胞、NK 细胞数量减少,B 细胞的抗体产生能力下降。此外,其他维生素及微量元素、氨基酸的缺乏,都会严重影响机体的免疫功能。

（4）饲料中若有霉菌毒素也会影响细胞的免疫应答反应,使免疫失败。

（5）疫苗的质量。疫苗质量是免疫成败的关键因素。疫苗是病原微生物毒株经繁殖和处理后制成的生物制品,这些毒株需具有良好的免疫原性,接种动物后能产生相应的特异性免疫效果。安全和有效是保证疫苗质量必须具备的条件。

（6）血清型。疫苗株的适当选择是取得理想免疫效果的关键。有些病原含有多个血清型,如猪大肠杆菌病等。那么在血清型多又不了解当下流行的为何种血清型的情况下,应选用多价苗,如利特佳是六价二联苗。

（7）其他因素也可能影响疫苗的免疫效果,如仔猪受到母源抗体的干扰,机体患有慢性病、寄生虫病等,另外,接种人员的业务水平也会对免疫效果产生影响。

（七）免疫接种应注意的其他问题

（1）疫苗接种和保管人员应经过专业培训。要用好的冷藏设备保存运输疫苗,猪场应派专人按规定方法储藏保管疫苗,并对疫苗的批号、生产日期、采购日期及失效日期等进行登记。

（2）免疫接种前应对猪只情况做好登记,即要将注射疫苗猪只的栋号、栏号、耳号及健康状况进行登记,如果患病猪和怀孕猪应暂缓注射,待其痊愈或产后再进行补注。

(3)所用疫苗的名称、批号、外观质量、有效期等在注射疫苗前应一一检查并做登记,快过有效期以及失空、霉变、有杂物或异物的疫苗应予报废,严禁使用。

(4)定期进行驱虫。按照生产周期,对猪只进行驱虫工作。一般猪只在2月龄、4月龄各进行一次驱虫,猪场应根据实际情况使用规定的药物进行驱虫。

(5)猪场应该依照当地疫病流行情况和猪群保健的需要,在必要时对猪群实施群体药物预防或治疗,通常使用抗生素、化学抗菌药物。

(八) 免疫失败的原因

(1)疫苗因素。疫苗因素造成的免疫失败有以下几方面。

①疫苗过期、失效、破损。

②疫苗是假冒、伪劣产品,或是来源不明、标识不清、非法生产和非法进口的。

③疫苗在采购、运输、保存过程中方法不当,使疫苗本身的效能受损。

④使用疫苗的血清型与感染的病毒或细菌血清型不同,免疫后起不到保护作用。

⑤有些常规剂量的疫苗不能够产生足以保护畜禽安全的抗体,需要加大剂量。如:有些猪瘟细胞苗需加量使用。

⑥疫苗间相互干扰。不同疫苗同时或以相同途径接种,疫苗在体内会相互影响,彼此复制,对免疫应答产生干扰。如猪繁殖与呼吸障碍综合征活疫苗影响猪瘟活疫苗的免疫应答。

(2)环境因素引起的免疫失败。当畜禽处于应激状态时,会影响免疫力的产生,如高温、高湿、通风不良、寒流、强光、嘈杂、拥挤等。为了避免疫苗接种前未产生免疫力时,动物被感染或遭受强毒株攻击,平时应注重消毒、封锁,外来人员、车辆不能随意进出畜禽生产场、院。

(3)畜禽自身因素造成的免疫失败。因饲养管理不善,导致猪的免疫功能低,从而影响免疫效果,如机体缺乏维生素、微量元素、营养不良等。饲养管理不善还可能使得牲畜患有免疫抑制性疾病,如伪狂犬病、猪呼吸与繁殖综合征、猪圆环病毒病等。如果因饲料霉菌毒素中毒,或是一些寄生虫病等会损害免疫系统,导致免疫抑制,使机体对疫苗不能产生免疫应答,造成免疫失败。

受母源抗体的影响,高水平母源抗体会中和疫苗抗原,从而影响免疫效果。部分动物处于感染强毒的潜伏期或是亚临床感染,在接种疫苗后会诱发病情,造成免疫失败。猪因生病而使用了抗生素或免疫抑制药物进行治疗时,会导致抗原受损或免疫抑制。

(4)免疫程序不当造成的免疫失败。初免时间把握不当。初免过早,动物的免疫器官可能尚未发育成熟或受较高母源抗体的干扰,影响有效抗体的产生;初免过晚,留下免疫空白区,错过了最佳免疫的时间,也可能造成感染。猪场应做好抗体水平监测,确定首免时间。动物的免疫接种,不应该随意增减防疫次数、疫苗种类及剂量等,应该制定科学的防疫程序,结合当前疫病流行情况和本场实际而定。不同疫苗免疫程序也不同,不同厂家生产的疫苗的免疫期、免疫方法也存在很大的差异,如细小病毒病、乙型脑炎疫苗须在配种前免疫;仔猪腹泻和传染性胃肠炎疫苗须在产前免疫。大多数需多次免疫才能获得终身免疫力,同时要考虑上一次免疫接种产生抗体的半衰期,接种过早可能被抗体中和,过迟则会错过激发二次免疫应答的最佳时机。

(5)人为因素造成的免疫失败。防疫人员不够专业,造成打"飞针"或注射器漏液,或使用过粗的针头,或进针角度不正确等,还因免疫接种操作不当而引起注射剂量不准,或没有注射到肌肉和皮下,而是注射到脂肪层内无法被吸收等。接种时没有做好标记,造成漏防或重防。疫苗稀释后,一般不超过 2~3 h,接种过程过长,会造成疫苗效价降低。有些疫苗通过拌料防疫,由于采食量大小不均,导致免疫抗体不齐,如猪肺疫免疫。免疫方法不正确,没有严格按照说明书进行操作,如需要皮下注射而实施了肌肉注射,要求肌注的却采用口服,造成免疫效果不好。疫苗稀释液的选择不当,如猪瘟疫苗要求的稀释液是生理盐水,猪丹毒疫苗要求的稀释液是铝胶,而猪三联疫苗必须用生理盐水稀释,若用铝胶液稀释,则影响猪瘟抗原。超大剂量或多次免疫引起免疫系统麻痹。

(6)药物因素造成的免疫失败。在接种病毒性活苗前后,使用了一些抗病毒药或干扰素,如利巴韦林、金刚烷胺、病毒灵等药物。接种细菌性活苗后使用抗菌药,或接种完后马上使用消毒药。在免疫接种时,同时使用了抗血清,血清是抗体,会对病原或活苗有杀灭作用。还有一些药物有免疫抑制作用,如利福霉素对动物的体液免疫反应及细胞免疫反应有抑制作用,肾上腺皮质激素类药物地塞米松、氢化可的松、强的松等对免疫都有些影响。

(九)养猪场重要疾病的免疫

养猪除了要做好猪瘟、口蹄疫、猪细小病毒、猪乙型脑炎等常规疫苗免疫,还要用好如伪狂犬病、猪萎缩性鼻炎、气喘病、大肠杆菌等疫苗,以预防猪呼吸道和肠道疾病。具体原因如下。

(1)现在疫病多为并发感染和继发感染,如单纯发生圆环病毒病、蓝耳病,死亡率很低,但如果并发伪狂犬病、气喘病、萎缩性鼻炎,则会引起较高的死亡率,还可能继发感染副猪嗜血杆菌病、巴氏杆菌病等,形成猪呼吸道病综合征,使治疗变得困难,损失巨大。

(2)猪呼吸系统的结构决定了必须用疫苗预防伪狂犬、萎缩性鼻炎、气喘病等疾病。

鼻腔作为猪呼吸道的第一道防线,空气中许多沾有病原菌的灰尘、飞沫等都可以被鼻腔阻挡。鼻腔的螺旋状结构可被萎缩性鼻炎破坏,使病原体直接进入气管、支气管。

气管、支气管作为猪呼吸道第二道防线,沾有病原菌的灰尘、飞沫等会被其内的绒毛吸附和阻挡,致使病原菌不能进入肺部。但是气管、支气管上的绒毛或纤毛会被气喘病破坏,使其大量脱落,失去阻挡病原菌的能力,使病原体直接进入肺部。

作为肺部第三道防线的巨噬细胞能大量吞噬经鼻腔、支气管阻挡遗留的病原菌,进而防止病原菌从肺泡进入血液,但是猪肺部巨噬细胞的免疫功能会被蓝耳病病毒破坏,使病原菌直接透过肺泡进入血液。

进入体内的病原菌就会被因疫苗而产生的相应的抗体中和,但是引起猪伪狂犬病、萎缩性鼻炎、气喘病、大肠杆菌病的病原体在养猪环境中普遍存在。所以,为了有效预防猪呼吸道疾病和肠道病的发生,除了用好常规疫苗外,还必须使用这几类疫苗。

四、猪的几种重要疾病及免疫预防

(一)猪伪狂犬病(PR)

1. 猪伪狂犬病的预防

控制、净化猪场狂犬病,除了采取生物安全措施,还应该选择优秀的疫苗免疫。伪狂犬疫苗"扑伪佳",由美国辉瑞公司生产,经中国农业农村部注册进口,其能快速控制伪狂犬病的发生和猪的死亡,净化猪场,减少生产损失。

2. "扑伪佳®"疫苗的特点

(1)稳定性高。该疫苗不会发生变异和基因重组,具有良好的稳定性,是自然单基因缺损的弱毒活疫苗。

(2)安全性好。该疫苗对妊娠各阶段的母猪和各日龄猪只都具有高度安全性,这是通过国外30多年的临床应用可以证明的。

(3)保护性长久。该疫苗免疫后可刺激机体产生强大的细胞免疫和长久的体液免疫保护,更能产生坚强的局部黏膜免疫。

(4)特效性高。该疫苗可用于紧急免疫,接种后可大大减少野毒的排放时间和排放量,使隐性带毒猪停止排放野毒。

(5)特殊检测区别性。该疫苗是一种单基因缺损疫苗,使用后,可通过特定的方法——gE-ELISA来检测抗体,以便区分所测得的抗体是自然感染产生的还是由疫苗免疫产生的,从而有利于及时淘汰带毒猪,防止疫情进一步扩大。

(6)特殊专利佐剂。具备了油剂和水剂的双重优点的爱菲金佐剂,通针性好,能促进抗体快速产生和维持,并减少注射部位不良反应和组织损伤。

3."扑伪佳"疫苗的使用方法

(1)母猪。怀孕母猪在产前3~8周第1次免疫,间隔3周接种第2次,以后每胎在产前3~8周免疫接种1次;新母猪或空怀母猪在配种前2周第1次免疫,以后每胎在产前3~8周免疫接种1次。种公猪建议每半年免疫1次。

(2)仔猪免疫。无母源抗体的仔猪,3周龄免疫接种1次。仔猪有母源抗体的,8~12周龄免疫接种1次。

(3)公猪、母猪、仔猪每次都必须注射2 mL。

(二)猪气喘病(MPS)

1. 猪气喘病

主要表现为干咳、气喘和肺炎等症状,由猪肺炎支原体引起,可分为急性、慢性和隐性感染。隐性感染的母猪可使得仔猪在哺乳期感染。有研究表明:气喘病可使猪的生长速度降低16%,饲料转化率降低22%,据此推算,每头猪可损失30~50元。猪群一旦感染气喘病很难根除,发病猪大量用药效果往往还不理想。

2. 猪气喘病的防治

控制猪气喘病除了使用生物安全措施,还可以用疫苗或间断性使用药物,使用疫苗是最经济、最有效的方法,"瑞倍适"灭活菌苗,是防治气喘病的最佳选择,其含有完整的支原体细胞,注射后能使机体细胞快速识别并产生坚强的免疫应答和细胞免疫保护。

3. "瑞倍适©"及其用法

"瑞倍适©"(RespiSure©)佐剂为乳白色 Amphigen©佐剂。能促进猪产生更高的抗体和抗体维持时间更久,免疫保护可维持半年以上。仔猪免疫计划:7日龄首免,21日龄二免。肌肉注射,每头仔猪注射2 mL(1头份)。

(三)猪萎缩性鼻炎(AR)

1. 猪萎缩性鼻炎的危害

主要是导致肉猪生长发育不良,饲料转化率降低,屠宰猪大小不整齐,出栏时间延长,药物治疗费用增加。其发病率在20%~80%。

2. 如何控制猪萎缩性鼻炎

改善饲养管理,创造良好的饲养环境,采用全进全出制度,为了能有效控制猪萎缩性鼻炎的发生,应该采取药物预防和疫苗免疫相结合的措施。例如猪萎缩性鼻炎疫苗——"克伟",能够降低猪只的易感性,能更有效地控制和预防猪萎缩性鼻炎病的发生,因为其具有保护鼻腔完整性的支气管败血波氏杆菌抗原、多杀性巴氏杆菌(A和D)抗原和纯化多杀性巴氏杆菌类毒素。

3. "克伟®"的使用方法

该疫苗通过免疫母猪让仔猪通过初乳获得保护,度过最敏感的10周,仔猪无需免疫即可获得3~4个月的坚强保护。健康怀孕母猪在产前免疫2次,在6周和2周分别接种1次,用过"克伟"的母猪以后每胎次产前2~3周接种1次即可。

(四)仔猪黄白痢及红痢

1. 猪黄白痢、红痢的预防

美国辉瑞公司生产的"利特佳"疫苗含有 K88、K99、987P、F41四种大肠埃希氏菌纤毛抗原及无毒性肠毒素(LTB)亚单位抗原和C型产气荚膜梭菌 β 毒素抗原,为六价二联疫苗,可有效预防仔猪黄白痢、红痢的发生。

2."利特佳®"的使用方法

该疫苗通过母源抗体使仔猪获得被动保护,预防仔猪大肠埃希氏菌性腹泻(黄白痢)和 C 型产气荚膜梭菌引起的仔猪红痢。每头母猪皮下或肌肉注射 2 mL(1 头份)。首次接种"利特佳"的健康妊娠母猪,在产前间隔 3 周总共接种 2 次,在第 2 次免疫即二免时至少在分娩前 2 周进行;已接种过"利特佳"的妊娠母猪,在每次分娩前 2 周接种 1 次即可。

3. 疫苗的接种方法

(1)皮下注射法。是将疫苗注入皮下结缔组织,经毛细血管吸收进入血液,通过血液循环到达淋巴组织,从而产生免疫反应。注射部位多在耳根后皮下,皮下组织吸收缓慢而均匀,但油类疫苗不宜皮下注射。

(2)肌肉注射法。是将疫苗注射于富含血管的肌肉内,又因感觉神经较少,故疼痛较轻,是目前使用最多的一种方法,大多数疫苗都是经这一途径免疫。注射部位在耳根后到颈部三角区或臀部。

(3)口服免疫法。通过饲喂或饮水的方法进行免疫,此方法简单易行,节约劳力。如部分猪肺疫、副伤寒苗等。

附录1 《中华人民共和国环境保护法》

（摘选）

第二十二条 制定城市规划,应当确定保护和改善环境的目标和任务。

第二十三条 城乡建设应当结合当地自然环境的特点,保护植被、水域和自然景观,加强城市园林、绿地和风景名胜区的建设。

第二十四条 产生环境污染和其他公害的单位,必须把环境保护工作纳入计划,建立环境保护责任制度;采取有效措施,防治在生产建设或者其他活动中产生的废气、废水、废渣、粉尘、恶臭气体、放射性物质以及噪声、振动、电磁波辐射等对环境的污染和危害。

第二十五条 新建工业和现有工业的技术改造,应当采取资源利用率高、污染物排放量少的设备和工艺,采用经济合理的废弃物综合利用技术和污染物处理技术。

第二十六条 建设项目中防治污染的设施,必须与主体工程同时设计、同时施工、同时投产使用。防治污染的设施必须经原审批环境影响报告书的环境保护行政主管部门验收合格后,该建设项目方可投入生产或者使用。

防治污染的设施不得擅自拆除或者闲置,确有必要拆除或者闲置的,必须征得所在地的环境保护行政主管部门同意。

第二十七条 排放污染物的事业单位,必须依照环境保护行政主管部门的规定申报登记。

第二十八条 排放污染物超过国家或者地方规定的污染物排放标准的事业单位,依照国家规定缴纳超标准排污费,并负责治理。

水污染防治法另有规定的,依照水污染防治法的规定执行。

第四十一条 造成环境污染危害的,有责任排除危害,并对直接受到损害的单位或者个人赔偿损失。

赔偿责任和赔偿金额的纠纷,可以根据当事人的请求,由环境保护行政主管部门或者其他依照法律规定行使环境监督管理权的部门处理;当事人对处理决定不服的,可以向人民法院起诉。当事人也可以直接向人民法院起诉。

附录2 《动物防疫条件审查办法》

(自2022年12月1日起施行)

第一章 总 则

第一条 为了规范动物防疫条件审查,有效预防、控制、净化、消灭动物疫病,防控人畜共患传染病,保障公共卫生安全和人体健康,根据《中华人民共和国动物防疫法》,制定本办法。

第二条 动物饲养场、动物隔离场所、动物屠宰加工场所以及动物和动物产品无害化处理场所,应当符合本办法规定的动物防疫条件,并取得动物防疫条件合格证。经营动物和动物产品的集贸市场应当符合本办法规定的动物防疫条件。

第三条 农业农村部主管全国动物防疫条件审查和监督管理工作。县级以上地方人民政府农业农村主管部门负责本行政区域内的动物防疫条件审查和监督管理工作。

第四条 动物防疫条件审查应当遵循公开、公平、公正、便民的原则。

第五条 农业农村部加强信息化建设,建立动物防疫条件审查信息管理系统。

第二章 动物防疫条件

第六条 动物饲养场、动物隔离场所、动物屠宰加工场所以及动物和动物产品无害化处理场所应当符合下列条件:(一)各场所之间,各场所与动物诊疗场所、居民生活区、生活饮用水水源地、学校、医院等公共场所之间保持必要的距离;(二)场区周围建有围墙等隔离设施;场区出入口处设置运输车辆消毒通道或者消毒池,并单独设置人员消毒通道;生产经营区与生活办公区分开,并有隔离设施;生产经营区入口处设置人员更衣消毒室;(三)配备与其生产经营规模相适应的执业兽医或者动物防疫技术人员;(四)配备与其生产经营规模相适应的污水、污物处理设施,清洗消毒设施设备,以及必要的防鼠、防鸟、防虫设施设备;(五)建立隔离消毒、购销台账、日常巡查等动物防疫制度。

第七条 动物饲养场除符合本办法第六条规定外,还应当符合下列条件:(一)设置配备疫苗冷藏冷冻设备、消毒和诊疗等防疫设备的兽医室;(二)生产区清洁道、污染道分设;具有相对独立的动物隔离舍;(三)配备符合国家规定的病死动物和病害动物产品无害化处理设施设备或者冷藏冷冻等暂存设施设备;(四)建立免疫、用药、检疫申报、疫情报告、无害化处理、畜禽标识及养殖档案管理等动物防疫制度。禽类饲养场内的孵化间与养殖区之间应当设置隔离设施,并配备种蛋熏蒸消毒设施,孵化间的流程应当单向,不得交叉或者回流。种畜禽场除符合本条第一款、第二款规定外,还应当有国家规定的动物疫病的净化制度;有动物精液、卵、胚胎采集等生产需要的,应当设置独立的区域。

第八条 动物隔离场所除符合本办法第六条规定外,还应当符合下列条件:(一)饲养区内设置配备疫苗冷藏冷冻设备、消毒和诊疗等防疫设备的兽医室;(二)饲养区内清洁道、污染道分设;(三)配备符合国家规定的病死动物和病害动物产品无害化处理设施设备或者冷藏冷冻等暂存设施设备;(四)建立动物进出登记、免疫、用药、疫情报告、无害化处理等动物防疫制度。

第九条 动物屠宰加工场所除符合本办法第六条规定外,还应当符合下列条件:(一)入场动物卸载区域有固定的车辆消毒场地,并配备车辆清洗消毒设备;(二)有与其屠宰规模相适应的独立检疫室和休息室;有待宰圈、急宰间,加工原毛、生皮、绒、骨、角的,还应当设置封闭式熏蒸消毒间;(三)屠宰间配备检疫操作台;(四)有符合国家规定的病死动物和病害动物产品无害化处理设施设备或者冷藏冷冻等暂存设施设备;(五)建立动物进场查验登记、动物产品出场登记、检疫申报、疫情报告、无害化处理等动物防疫制度。

第十条 动物和动物产品无害化处理场所除符合本办法第六条规定外,还应当符合下列条件:(一)无害化处理区内设置无害化处理间、冷库;(二)配备与其处理规模相适应的病死动物和病害动物产品的无害化处理设施设备,符合农业农村部规定条件的专用运输车辆,以及相关病原检测设备,或者委托有资质的单位开展检测;(三)建立病死动物和病害动物产品入场登记、无害化处理记录、病原检测、处理产物流向登记、人员防护等动物防疫制度。

第十一条 经营动物和动物产品的集贸市场应当符合下列条件:(一)场内设管理区、交易区和废弃物处理区,且各区相对独立;(二)动物交易区与动物产品交易区相对隔离,动物交易区内不同种类动物交易场所相对独立;(三)配备与其经营规模相适应的污水、污物处理设施和清洗消毒设施设备;(四)建立定期休市、清洗消毒等动物防疫制度。经营动物的集贸市场,除符合前款规定外,周围应当建有隔离设施,运输动物车辆出入口处设置消毒通道或者消毒池。

第十二条 活禽交易市场除符合本办法第十一条规定外,还应当符合下列条件:(一)活禽销售应单独分区,有独立出入口;市场内水禽与其他家禽应相对隔离;活禽宰杀间应相对封闭,宰杀间、销售区域、消费者之间应实施物理隔离;(二)配备通风、无害化处理等设施设备,设置排污通道;(三)建立日常监测、从业人员卫生防护、突发事件应急处置等动物防疫制度。

第三章 审查发证

第十三条 开办动物饲养场、动物隔离场所、动物屠宰加工场所以及动物和动物产品无害化处理场所,应当向县级人民政府农业农村主管部门提交选址需求。县级人民政府农业农村主管部门依据评估办法,结合场所周边的天然屏障、人工屏障、饲养环境、动物分布等情况,以及动物疫病发生、流行和控制等因素,实施综合评估,确定本办法第六条第一项要求的距离,确认选址。前款规定的评估办法由省级人民政府农业农村主管部门依据《中华人民共和国畜牧法》《中华人民共和国动物防疫法》等法律法规和本办法制定。

第十四条　本办法第十三条规定的场所建设竣工后,应当向所在地县级人民政府农业农村主管部门提出申请,并提交以下材料:(一)《动物防疫条件审查申请表》;(二)场所地理位置图、各功能区布局平面图;(三)设施设备清单;(四)管理制度文本;(五)人员信息。申请材料不齐全或者不符合规定条件的,县级人民政府农业农村主管部门应当自收到申请材料之日起五个工作日内,一次性告知申请人需补正的内容。

第十五条　县级人民政府农业农村主管部门应当自受理申请之日起十五个工作日内完成材料审核,并结合选址综合评估结果完成现场核查,审查合格的,颁发动物防疫条件合格证;审查不合格的,应当书面通知申请人,并说明理由。

第十六条　动物防疫条件合格证应当载明申请人的名称(姓名)、场(厂)址、动物(动物产品)种类等事项,具体格式由农业农村部规定。

第四章　监督管理

第十七条　患有人畜共患传染病的人员不得在本办法第二条所列场所直接从事动物疫病检测、检验、协助检疫、诊疗以及易感染动物的饲养、屠宰、经营、隔离等活动。

第十八条　县级以上地方人民政府农业农村主管部门依照《中华人民共和国动物防疫法》和本办法以及有关法律、法规的规定,对本办法第二条所列场所的动物防疫条件实施监督检查,有关单位和个人应当予以配合,不得拒绝和阻碍。

第十九条　推行动物饲养场分级管理制度,根据规模、设施设备状况、管理水平、生物安全风险等因素采取差异化监管措施。

第二十条 取得动物防疫条件合格证后,变更场址或者经营范围的,应当重新申请办理,同时交回原动物防疫条件合格证,由原发证机关予以注销。变更布局、设施设备和制度,可能引起动物防疫条件发生变化的,应当提前三十日向原发证机关报告。发证机关应当在十五日内完成审查,并将审查结果通知申请人。变更单位名称或者法定代表人(负责人)的,应当在变更后十五日内持有效证明申请变更动物防疫条件合格证。

第二十一条 动物饲养场、动物隔离场所、动物屠宰加工场所以及动物和动物产品无害化处理场所,应当在每年三月底前将上一年的动物防疫条件情况和防疫制度执行情况向县级人民政府农业农村主管部门报告。

第二十二条 禁止转让、伪造或者变造动物防疫条件合格证。

第二十三条 动物防疫条件合格证丢失或者损毁的,应当在十五日内向原发证机关申请补发。

第五章 法律责任

第二十四条 违反本办法规定,有下列行为之一的,依照《中华人民共和国动物防疫法》第九十八条的规定予以处罚:(一)动物饲养场、动物隔离场所、动物屠宰加工场所以及动物和动物产品无害化处理场所变更场所地址或者经营范围,未按规定重新办理动物防疫条件合格证的;(二)经营动物和动物产品的集贸市场不符合本办法第十一条、第十二条动物防疫条件的。

第二十五条 违反本办法规定,动物饲养场、动物隔离场所、动物屠宰加工场所以及动物和动物产品无害化处理场所未经审查变更布局、设施设备和制度,不再符合规定的动物防疫条件继续从事相关活动的,依照《中华人民共和国动物防疫法》第九十九条的规定予以处罚。

第二十六条 违反本办法规定,动物饲养场、动物隔离场所、动物屠宰加工场所以及动物和动物产品无害化处理场所变更单位名称或者法定代表人(负责人)未办理变更手续的,由县级以上地方人民政府农业农村主管部门责令限期改正;逾期不改正的,处一千元以上五千元以下罚款。

第二十七条 违反本办法规定,动物饲养场、动物隔离场所、动物屠宰加工场所以及动物和动物产品无害化处理场所未按规定报告动物防疫条件情况和防疫制度执行情况的,依照《中华人民共和国动物防疫法》第一百零八条的规定予以处罚。

第二十八条 违反本办法规定,涉嫌犯罪的,依法移送司法机关追究刑事责任。

第六章 附 则

第二十九条 本办法所称动物饲养场是指《中华人民共和国畜牧法》规定的畜禽养殖场。本办法所称经营动物和动物产品的集贸市场,是指经营畜禽或者专门经营畜禽产品,并取得营业执照的集贸市场。动物饲养场内自用的隔离舍,参照本办法第八条规定执行,不再另行办理动物防疫条件合格证。动物饲养场、隔离场所、屠宰加工场所内的无害化处理区域,参照本办法第十条规定执行,不再另行办理动物防疫条件合格证。

第三十条 本办法自2022年12月1日起施行。农业部2010年1月21日公布的《动物防疫条件审查办法》同时废止。

本办法施行前已取得动物防疫条件合格证的各类场所,应当自本办法实施之日起一年内达到本办法规定的条件。

参考文献

[1] 杨公社. 猪生产学[M]. 北京:中国农业出版社,2002.
[2] 李娜. 猪实用饲料配方手册[M]. 北京:机械工业出版社,2021.
[3] 王立贤,等. 农户规模养猪实用技术百问[M]. 北京:华龄出版社,2010.
[4] 刘德旺. 养猪技术问答[M]. 北京:化学工业出版社,2018.
[5] 唐新连. 科学养猪实用技术[M]. 上海:上海科学技术出版社,2018.
[6] 何孔旺,肖琦,陈昌海. 猪生物安全体系建设与非洲猪瘟防控[M]. 北京:中国农业科学技术出版社,2020.
[7] Palmer J. Holden, M. E. Ensminger. 养猪学[M]. 王爱国译. 北京:中国农业大学出版社,2007.
[8] John Gadd. 现代养猪生产技术[M]. 周绪斌,等. 北京:中国农业出版社,2015.
[9] Jeffrey J,Zimmerman,等. 赵德明,等译. 猪病学[M]. 主编北京:中国农业大学出版社,2014.
[10] 付利芝,等. 猪病防控170问[M]. 北京:中国农业出版社,2020.
[11] 王艳丰,等. 猪健康养殖与疾病防治宝典[M]. 北京:化学工业出版社,2017.
[12] 朱宽佑,等. 养猪实用新技术大全[M]. 北京:中国农业大学出版社,2012.
[13] 郑飞燕,陈善华,卿笃兴,等. 规模化猪场保育阶段饲养管理操作技术规程[J]. 湖南畜牧兽医,2015,000(12):121-122.
[14] 徐胜华,赵宝凯. 刍议规模化猪场保育猪养殖管理与疾病防治

关键技术[J].中兽医学杂志,2018,208(09):149-150.

[15] 迁斌.集团规模化猪场保育舍的饲养管理[J].广东饲料,2018, 000(18):146-147.

[16] 李水花.规模化猪场保育仔猪的饲养管理[J].中国畜牧业, 2017,000(14):174-174.

[17] 庞森,孙丽英,徐全占.规模化精准化猪场保育猪养殖技术的研究[J].山东青年,2019,000(003):194-197.

[18] 刘志伟,杨永平,李东,等.保育猪呼吸道疾病发病因素分析及防控措施[J]猪业科学,2017,34(9):139-140.

[19] 廖启顺,李志祥,丁联成,等.2009-2010年部分猪场猪主要传染病流行病学调查[J].中国畜牧兽医,2012,39(2):194-200.

[20] 李俊,董书昌,赵壑明,等.生物发酵床用于保育猪疾病防控效果观察[J].中兽医医药杂志,2015,34(5):70-72.

[21] 余亚飞.保育猪的养殖管理措施[J].今日畜牧兽医,2022,38 (3):54.

[22] 王琪瑜.规模化养猪场保育猪饲养管理技术分析[J].中国畜禽种业,2022,18(1):121-122.

[23] 郑冬.育肥猪饲养管理技术[J].养殖与饲料,2018,(2):8-9.

[24] 吴正明,邱丙姗,程娜,等.加强生长育肥猪的饲养管理减少疾病的发生[J].猪业科学,2020(9):71.

[25] 高秋葵.育肥猪饲养管理技术要点分析[J].农民致富之友, 2017(9):37.

[26] 张颖.育肥猪饲养管理技术要点[J].中国畜禽种业,018 (12):57.

[27] 赵红锋.规模化猪场生长育肥猪饲养管理和保健措施[J].农民致富之友,2014(12):243.

[28] 张青,张旭,顾爱民.规模化猪场中生长育肥猪的饲养管理[J].今日养猪业,2010(5):40-41.

[29] 赵杰.育肥猪的生理特点、营养需要及饲养管理[J].现代畜牧科技,2018(1):41.

[30] 周海峰.育肥猪饲养管理技术[J].农民致富之友,2017,(12):223.

[31] 钱国峰,乌义罕,刘文国.育肥猪饲养管理技术探析[J].农家参谋,2021(04):138-139.

[32] 康永明.规模化猪场生长育肥猪饲养管理和保健措施[J].湖北畜牧兽医,2021,42(08):35-36.

[33] 刘凤娟.育肥猪的饲养管理[J].现代畜牧科技,2022(03):51-53.

[34] 张文象.浅谈仔猪科学哺育的技术要点[J].畜牧与饲料科学,2010,31(10):136.

[35] 雪峰,陈雪飞.提高仔猪成活率的措施[J].畜牧与饲料科学,2010,31(11):123-125.

[36] 谢慧霞.仔猪的饲养管理[J].畜牧与饲料科学,2011(2):117-118.

[37] 高翔.提高仔猪成活率的方法[J].畜牧与饲料科学,2010(8):144-145.

[38] 高红梅,刘健鹏.规模猪场哺乳母猪和仔猪的饲养管理[J].畜牧与饲料科学,2011(5):121-122.

[39] 张正茂,周克才.浅谈加强仔猪饲养管理与疾病防治[J].中国畜牧业,2020(16):86-87.

[40] 张衍昊.加强仔猪疾病防治,提高仔猪成活率[J].饲料博览,2020(6):74.

[41] 常丽.保育仔猪的饲养管理及常见疾病防治[J].养殖与饲料,2018(12):61-62.

[42] 单妹,凌宝明,张冠群,等.规模化猪场仔猪产后3天内饲养管理的关键点探讨[J].广东饲料,2019(4):45-47.

[43] 王东旭.白头翁散在控制仔猪大肠杆菌性腹泻中的应用效果研究[D].河南:河南科技大学,2017.

[44] 朱先利.复合添加剂对母猪和仔猪生产性能及健康状况影响的研究[D].山东:山东农业大学,2016.